光文社 古典新訳 文庫

ミミズによる腐植土の形成

ダーウィン

渡辺政隆訳

kobunsha classics

光文社

Title : THE FORMATION OF VEGETABLE MOULD THROUGH THE ACTION OF WORMS WITH OBSERVATIONS ON THEIR HABITS

1881

Author : Charles Darwin

『ミミズによる腐植土の形成』＊目次

ミミズによる腐植土の形成

はじめに

適度な湿度がある地域ならばその地表は腐植土で覆われている。その腐植土層の形成にはミミズが貢献しているというのが、本書のテーマである。そうした腐植土は一般に黒っぽい色をしており、層の厚さは数インチほどである。場所ごとに下層土の種類はさまざまだが、腐植土の見かけの違いはごくわずかしかない。腐植土の主な特徴の一つは、土の粒子が一様に細かいことである。砂利の多い土地で、長らく牧草地として使われた後に耕されたばかりの畑や、溝や穴の側面に腐植土が露出している場所なら、この特徴はどこでも観察できるだろう。これは些末な話題に思えるかもしれないが、興味深い点があることを示すつもりである。「法は些事を顧みない」という格言は科学にはあてはまらないのだ。小さな作用とその累積的な結果を軽視するのが常であるエリー・ド・ボーモン(1)でさえ、「とても薄い表層土は、古代の記念物とでもいうべきものであり、それが永続していることからして地質学者の研究対象にふさわしいものであり、興味深い観察結果を提供する」[*1]と述べている。たしかに、腐植土の表層は概してきわめて古いものではあるが、その永続性ということでいうと、腐植土を構成する粒子はたいていまあまあ速いペースで取り除かれ、下層土の崩壊によって他の粒子と置き換えられていると信じてよい理由を、これから見ていく。

私は土を入れたポットを書斎に置き、何カ月もミミズを飼うことになったことでミミズに興味をもち、ミミズはどこまで意識的に行動しているのか、どれほどの知力を発揮するのかを知りたくなった。ミミズのように体制が下等で感覚器も貧弱な動物について、そのような観点からの観察が行なわれた例は、私の知る限りほとんどない。そのこともあって、この点についてますます知りたくなった。

私は、一八三七年にロンドン地質学会で「腐植土の形成について」[*2]と題した短い論文を発表した。低湿地の表面に厚くまかれた焼いた泥灰土や石炭殻などの小さなかけ

（1）ジャン＝バティスト・エリー・ド・ボーモン（一七九八～一八七四）　フランスの地質学者、鉱山技師。フランスの地質図作成を主導。一八三五年にロイヤルソサエティ外国人会員に選出された。

らが、数年後には草の何インチか下に層をなしたまま埋まっているのが見つかったことを報告したのだ。地表にあったものがこのように沈んだように見えるのは、ミミズが糞塊というかたちで細かい土を地表に大量に運び続けたおかげなのである。このことを最初に教えてくれたのは、スタッフォードシャー、メアホール（屋敷）のウェッジウッド氏[2]だった。それらの糞塊は、やがて地面を覆い、地面にあったすべてのものを埋めてしまう。そこで私は、全土を覆っている腐植土のすべてはミミズの消化管を何度も通過したものであり、この先も何度となく通過することになると結論するに至った。したがって、一般に使われている「腐植土」という言葉よりは、ある意味で「腐動土」という言葉のほうがふさわしいことになる。

私が論文を発表して一〇年後に、ダルシアク氏[3]が、明らかにエリー・ド・ボーモンの学説に感化され、私の見解を「奇妙な説」と呼び、それは「低湿地の草地」にだけ適用できる説であり、「耕地、森林、高地の草地についてこの見解を支持する証拠は存在しない」と批判した。[*3]

しかしダルシアク氏の反論は、思い込みから発せられたもので、観察に基づくものではないにちがいない。頻繁に耕されている家庭菜園にはとんでもなくたくさんのミミミズがいるが、そのような緩い土では、ミミズは地表ではなく土の隙間や地中の古いトンネルの中に糞塊を排泄しているのだ。ヘンゼン⑷は、庭には穀物畑のおよそ二倍の数のミミズがいると推定している。[*4]「高地の草地」に関しては、フランスではどうか知らないが、イングランドでは、海抜五、六百フィートのコモンズ［誰にも所有権のない放牧地］ほど、糞塊で厚く覆われた地面を見たことがない。森でも、秋に落ち葉をどかせば、地表全体に糞塊が散らばっているのを目にすることになる。ミミズの観察情報で何度もお世話になっているカルカッタ植物園の監督官キング博士⑸は、フランスのナンシー国有林の林床が何エーカーにもわたって落ち葉とミミズの無数の糞塊からなる、ふかふかの層で覆われているのを見たと教えてくれた。キング博士は、「森

---

(2) ジョサイア・ウェッジウッド二世（一七六九〜一八四三）製陶業者。ダーウィンの母の兄で、妻エマの父。ダーウィンのビーグル号乗船を後押しした。ダーウィンは帰国後、メア屋敷を訪れた際にこの事実を指摘され、ミミズ研究に目覚めた。

(3) アドルフ・ダルシアク（一八〇二〜六八）フランスの地質学者、古生物学者。

(4) クリスティアン・アンドレアス・ヴィクトール・ヘンゼン（一八三五〜一九二四）ドイツの生理学者、海洋生物学者。ダーウィンは一八八一年の五月と一〇月に手紙を受け取っている。

林管理学」教授が、「これは自然によるみごとな例である。何年にもわたって積み上げられた糞塊が落ち葉を覆い、その結果として厚い腐植土層ができあがったのだ」と学生への講義で語るのを聞いたという。

一八六九年、フィッシュ氏[6]は、腐植土の形成においてミミズが果たしてきた役割に関する私の結論を否定した。[*5] しかしその理由としては、ミミズにそんな大仕事ができるはずがないという前提しかなかった。フィッシュ氏に言わせると、「ミミズのひ弱さと小ささを考えれば、ミミズの仕業とされていることは、とてつもなさすぎる」というのだ。これぞ、途切れることなく作用する原因の累積結果を正しく評価できない無能さの例である。この無能さが、科学の進歩をしばしば遅らせてきた。かつては地質学で、最近では進化の原理の受容がこれで遅らされた。

これらいくつかの異議は、私にはいかほどのものでもなかった。しかしそれでも、発表したのと同じ観察をさらに重ね、別の側面からこの問題に取り組むことにした。すなわち、地表にあるものがミミズによって埋め込まれる速さを確認するかわりに、一定区画で一定時間内に積み上げられる糞塊の総量を測ることにしたのだ。しかし、私が行なった観察の一部は、すでに言及した、ヘンゼンが一八七七年に発表したみごとなな論文によってほとんど不要のものとなってしまった。糞塊について詳しく論じる前に、私自身の観察や他のナチュラリストの観察から、ミミズの習性についていくらか説明するのがよいだろう。

＊1 Leçons de Géologie Pratique tom. i. 1845, p. 140.
＊2 Transactions Geolog. Soc. vol. v. p. 505. Read November 1, 1837.
＊3 Histoire des progrès de la Géologic tom. i. 1847, p. 224.
＊4 Zeitschrift für wissenschaft. Zoologie B. xxviii. 1877, p. 361.
＊5 Gardeners' Chronicle April 17, 1869, p. 418.

(5) ジョージ・キング（一八四〇〜一九〇九）スコットランド出身の植物学者。一八六六年にインドに渡る。カルカッタ植物園監督官（一八七一〜九八）。九八年に叙爵。七〇、八〇年代に一六通の手紙を交換している。
(6) デイヴィッド・テイラー・フィッシュ（一八二四〜一九〇一）スコットランド生まれの園芸家、ジャーナリスト。

1章　ミミズの習性

ミミズは世界中に分布しているが、種類としては互いによく似たいくつかの属で構成されている［ミミズは環形動物門貧毛綱《こう》に属する動物の総称で、それより下位の分類は目《もく》－科－属－種となる］。イギリスにはオウシュウツリミミズ属（*Lumbricus*）の種がいるが、これまで詳細な研究報告がなされたことはない。それでも、隣国に生息するミミズの種類から、この属の総種数を推し測ることはできそうだ。アイゼン(1)によれば、スカンジナビアには八種が分布しているという。*6 ただしそのうちの二種は、地中に潜ることはめったにない。一種は、とても湿った場所に生息しており、水中にいることすらあるという。ここでの議論は、糞塊というかたちで土を地面に運び上げる種類だ

(1) グスタフス・オーグスタス・アイゼン（一八四七～一九四〇） スウェーデン生まれの生物学者、考古学者。一八七三年にアメリカに移住。ダーウィンは、一八七一年一二月三日付の手紙で、アイゼンから寄贈されたスカンジナビアのミミズに関するモノグラフへの謝辞を伝えている。

けに絞ることにする。ホフマイスター[2]の話では、ドイツにいる種についてはよくわかっていないが、アイゼンがあげている数と同じ数の種に加えて、著しく異なった変種もいるという。[*7]

イングランドのミミズは、じつに様々な場所にいる。土壌は貧弱で植相も丈が低くてまばらなコモンズや石灰質のなだらかな丘（チョークダウンズ）の草地では、おびただしい数の糞塊が見つかる。地面全体を覆いつくすほどなのだ。草がよく茂り、土壌も肥沃そうなロンドンの公園にも、それとほとんど同じくらいの糞塊が見つかる場所がある。そうかと思うと、たとえ同じ草地であっても、土壌の質に見た目上の違いはないにもかかわらず、ミミズのいる数は、場所ごとに大きく異なっていたりする。建物に近接した石畳の前庭にはたくさんいる。じめついた地下室の床下に潜りこんでいた例もある。私は、沼沢地の泥炭（ピート）の中でミミズを見つけたこともある。ところが、それよりも乾燥し、ガーデニングにはうってつけの、植物繊維を含む褐色の泥炭で見つかることはめったにない。ヒース［エリカ属の低木］のほかハリエニシダ、シダ、雑草、コケ、地衣類くらいしか生えていない場所の乾燥した砂地や小石まじりの轍でミミズが見つかることはまずない。しかし、イングランドの多くの土地の、小道が横切っている荒地（ヒース）なら、小道の地面は短い芝で覆われるようになる。このように植生が変化している理由が、人や動物によってときおり踏まれることで丈の高い植物が枯れるせいなのか、動物の糞によって土壌が肥えるせいなのかはわからない。[*8]そのように芝の生えた小道には、ミミズの糞塊が見つかる場合が多い。イングランド南東部サリーにあるヒースで調査したところ、傾斜がかなり急なそうした小道では、数個の糞塊しか見つからなかった。ところが、傾斜した場所から洗い流された目の細かい土が数インチほど堆積している平らな場所では、たくさんの糞塊が見つかった。そういう場所はミミズが過密らしく、芝の生えた小道から数フィートほどの距離まで分散を強いられたせいで、ヒースの中にまで糞塊が排泄されていた。しかしその境界から先で糞塊が見つかることはなかった。湿り気を保持しやすい目の細かい土の層が、薄い層であっても、ミミズの生息に欠かせない条件であるようだ。さらには、土がちょっぴり固いことが、生息にとって都合がよいようだ。古い砂利道や、草地を横切る歩道にはたくさんのミミズがいることが多い。土が踏みかためられている

（2）　ヴェルナー・ホフマイスター（一八二九～四五）　ドイツの医師、植物学者。

ことが、ミミズの生息にとっては都合がよいのだろう。

大きな木の下では、季節によっては糞塊がほとんど見つからない。その理由は、地中に張り巡らされた木の根が土中の水分を吸い上げてしまうからだと思える。なぜなら秋の長雨の後だと、そういう場所でも糞塊で覆われるからだ。雑木林や森には、たいていたくさんのミミズがいる。しかし、ノールパーク[3]にあるブナ林は、高木がうっそうと茂っているせいで林床は地面がむき出しで、秋でも、広い範囲で糞塊が一つも見つからなかった。ただし、その森の中の、草で覆われた空き地や窪みからはたくさんの糞塊が見つかった。ノース・ウェールズの山やアルプスには、話に聞いていたとおり、ミミズがいるような場所はほとんどない。もしかしたらその理由は、堆積している土壌のすぐ下が岩盤になっているためかもしれない。それだと冬期の凍死を避けるために潜り込めるほどの深さが確保できないからである。しかしマッキントッシュ博士[4]は、スコットランドのシェハリオン山の高度一五〇〇フィートほどの場所で糞塊を見つけている。トリノ近郊の高度二〇〇〇〜三〇〇〇フィートの丘や、南インドのニルギリ丘陵、ヒマラヤ山脈の高地でも、たくさんの糞塊が見つかる場所がある。

ミミズは、陸生動物と考えてよいのだが、たくさんの水生動物を含む環形動物という大きな綱《こう》［現在は門］の一員として、ある意味で半水生でもある。ペリエ氏(5)は、ミミズを室内の乾燥した空気にさらすと、たった一晩でも死んでしまうことを発見した。*9　その一方で、何匹もの大きなミミズを完全に水につけたままで四カ月近くも飼い続けることができたという。地面が乾燥する夏のあいだ、ミミズは地中かなり深く潜り込み、活動を停止する。地面が凍る冬と同じである。ミミズは夜行性である。夜間、たくさんのミミズが這いまわっている姿が確認できることもあるが、その場合もたいていは、しっぽだけは穴の中に入れたままである。*10　体にはややそり返った短い剛毛が生えており、穴の中でしっぽを膨らませて剛毛をひっかけることで、体は穴にしっかりと固定されている。そのため、引っ張り出そうとすれば体がちぎれてしまうほどであ

---

(3)　ダウンの南東一〇キロほどの距離にあるおよそ四平方キロの緑地。カントリーハウスがあり、一般に公開されていた。

(4)　ウィリアム・カーマイケル・マッキントッシュ（一八三八～一九三一）　スコットランドの医師、海洋生物学者。八〇年、八一年に五通の手紙がある。

(5)　エドモン・ペリエ（一八四四～一九二一）　フランスの動物学者。一九〇〇年からパリ自然史博物館館長。一八七九年にダーウィンの進化理論を支持すると表明し、一九〇九年にケンブリッジで開かれたダーウィン生誕一〇〇年祭に出席した。文通記録はない。

る。昼間は、穴の中に留まっている。ただし繁殖期は別で、隣接する穴にすむミミズたちは、早朝の一、二時間、体の大部分を穴から出している。寄生バエの幼虫に寄生されて弱った個体などは別で、日中に地面を這いまわって死んでいく。大雨が上がった後には、驚くほどたくさんの数のミミズの死骸が地表に見つかることがある。ゴールトン氏[6]から聞いた話では、そういうことが起こったある日（一八八一年三月）のハイドパークで、長さ二歩半、幅四歩の範囲につき平均一匹の死骸が確認できたという。一六歩歩く間に四五匹もの死骸を見つけたというのだ。以上の事実から、死因が溺死だった可能性はないだろう。溺死だったとしたら、穴の中で死んでいたはずだからである。死んだのはそれ以前から病気だった個体で、地面が水浸しになったせいで死が早まっただけと考えられる。

　ふつうの状況で、健康なミミズが夜間に穴の外に完全に出ることは絶対にない、あるいはめったにないという意見をよく聞く。しかしそれは、遠い昔にセルボーンのホワイト[7]も指摘していたように、間違いである。激しい雨が降った日の翌朝、砂利道の上を薄く覆う泥か細かい砂の層の上に、ミミズの這った跡がはっきりと残っていることが多い。私はそれを、八月から五月にかけて観察している。残る六月と七月も、雨の日には同じことが起こっていると思われる。そういう場合、数は少ないが死骸があちこちで見つかることがある。異常なほどの寒さが長く続き、たくさんの雪も降った後、雪が解けた直後の一八八一年一月三一日、歩道にはミミズの這い跡がたくさん認められた。わずか一インチ四方の中に五本の這い跡が認められたほどだ。なかには、砂利道にある穴に出入りする這い跡もあった。その距離は、二、三ヤード、最高は一五ヤードだった。二本の這い跡が同じ穴に続いている例は見なかった。これから見ていくように、ミミズの感覚器に関する知見からして、穴を離れたミミズが同じ穴に戻る道を見つけられるとは思えない。穴から発見の旅に出て、新しいすみ場所を見つけているのだろう。

モレン(8)によれば、ミミズは穴の入口のすぐ下で何時間もほとんど動かずにいることが多いという。[*11] 私も、自宅に置いたポットで飼育しているミミズで同じことを時おり

(6) フランシス・ゴールトン（一八二二～一九一一）　統計学者、優生学者。ダーウィンの従弟。優生学を創始した。
(7) ギルバート・ホワイト（一七二〇～九三）　イギリスのナチュラリスト、セルボーンの副牧師。友人に書き送った自然観察記をまとめた『セルボーンの博物誌』（一七八九）で有名。

目にしている。そういう場合、穴を覗くと、ミミズの頭が見えた。穴の上に出されている土やゴミを突然取り除くと、ミミズの体が大慌てで引っ込む様子がよく見られる。地表近くに留まっているというこの習性は、命取りになりかねない。なぜなら、一年のうちのある時期、国中のあらゆる芝の上で毎朝、クロウタドリなどのツグミ類が、驚くほどの数のミミズをその巣穴から引きずり出しているからだ。ミミズが地表近くに留まっていなければ、そういうことにはならないはずなのだ。新鮮な空気を吸うためにそういうことをしているというのはありえない。ミミズは水中でも長く生きていられることがわかっているからだ。特に朝などは、温もりを求めて地表近くにいるのだろう。これから見ていくように、巣穴の入口を葉で塞ぐ行動がよく見られる。それは、冷たくて湿った土との接触を避けるためと見られる。冬期は、巣穴を完全に閉じると言われている。

構造

このテーマを始める前にいくつか述べておくべきことがある。大型のミミズの体は、一〇〇～二〇〇個のほぼ環状の体節でできており、それぞれの体節には微細な剛毛が生えている。筋肉もよく発達している。ミミズは、前進も後退もできる。穴の中にしっぽをしっかりと固定することで、穴の中に迅速に引っ込むことができる。体の先端部には口があり、そこには、物をくわえるための小さな突起（葉《よう》とか唇などとも呼ばれる）がある。体の内部は、図（図1）に示したように、口の後方にじょうぶな咽頭がある。摂食時には咽頭が前方に突き出る。ペリエによれば、これは他の環形動物の口吻にあたるという。咽頭に続いて食道があり、食道下部の側面には三対の大きな分泌腺がある。大量の炭酸石灰を分泌する石灰腺である。このような器官をもつ動物

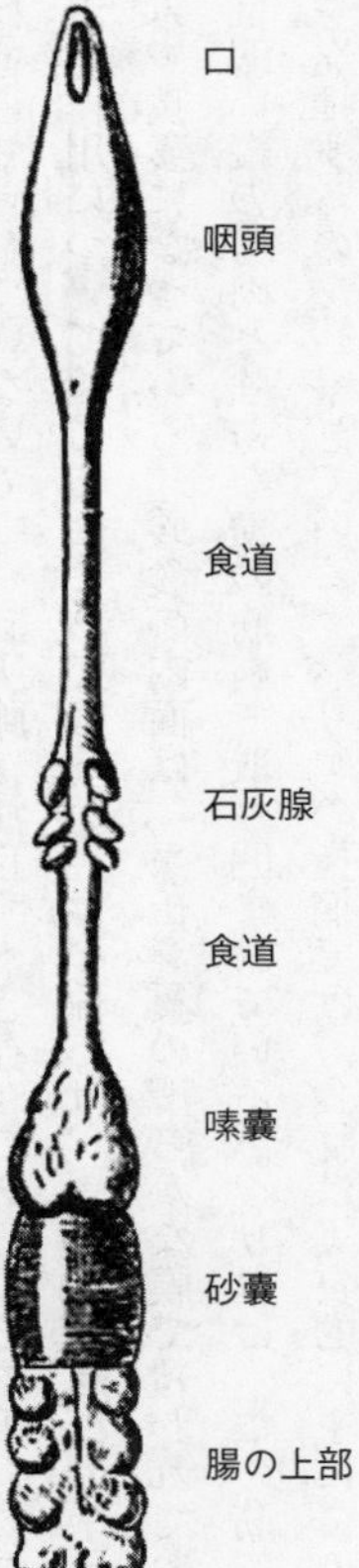

図1　ミミズ（Lumbricus）の消化管。レイ・ランケスターの‘Quart. Journ. of Microscop. Soc.’ vol. xv. N.S. pl. vii.より転載。

は他に知られていないので、石灰腺は注目すべき存在である。その用途については、消化作用について論じるところで扱う。大半の種では、食道は、砂嚢の手前でふくらみ、嗉嚢になっている。砂嚢の内面は、キチン質の滑らかな膜で覆われており、外側は弱い縦の筋肉と強力な横の筋肉で取り囲まれている。ペリエは、この筋肉が強い力を発揮するのを観察している。ペリエの指摘では、食物は実質的に主にこの器官で擦りつぶされることになる。ミミズには、顎も歯もないからだ。砂嚢と腸からは、直径が〇・〇五インチから〇・一インチを少し上回る程度の砂粒や小石がよく見つかる。ミミズは、穴を掘るときに飲み込むのとは別に、たくさんの小石を飲み込んでいることがわかっている。おそらく、それを石臼のように使って食物を擦りつぶしているのだろう。砂嚢は腸につながっている。腸は、体後端の肛門までまっすぐに伸びている。腸には、腸内縦隆起と呼ばれる注目すべき構造がある。それはまるで、腸の中に腸があるような構造である。クラパレード(9)によれば、それは腸の壁が深く縦に巻き込まれた構造で、栄養分を吸収するための表面積が拡張される結果となっている。*12

呼吸器系もよく発達している。ミミズは皮膚呼吸をしており、特別な呼吸器官はない。ミミズは雌雄同体なのだが、交尾(交接)は二個体で行なう。神経系はかなりよく発達している。体の先端近くには、二つの脳神経節がほぼ融合した状態で位置している。

感覚

ミミズには眼がない。なので私は、当初、ミミズは光をまったく感じないものと考えていた。きわめて臆病な動物であるはずなのに、屋内で飼育しているものは蠟燭の明かり、屋外のものはランタンの明かりで観察しても、警戒する様子をほとんど見せなかったからである。他の人たちも、同じ方法でミミズの夜間観察をしているが、何ら差しさわりはなかったという。*13

しかしホフマイスターによれば、例外となるわずかな個体を除き、ミミズは光にき

---

(8) シャルル・フランソワ・アントワーヌ・モレン（一八〇七～五八）ベルギーの植物学者。文通記録はない。

(9) ジャン・ルイ・ルネ・アントワーヌ・エドゥアール・クラパレード（一八三二～七一）スイスのナチュラリスト、無脊椎動物学者。スイスにおけるダーウィンの有力な支持者。六二年に一度、『種の起源』の書評への礼状がある。

わめて敏感であるという。[*14] ただし、たいていの場合、反応を起こすまでにある程度の時間を要することを認めている。こうした証言から私は、ポットで飼育しているミミズの連続夜間観察を行なうことにした。ポットにはガラスでふたをすることで、空気の流れの影響は受けないようにした。ポットに近づく際には、床の振動が伝わらないように、慎重に近づいた。この条件下で、照明は、暗紅色と青いガラス窓のある手提げランプを使用した。これで明るさはやや観察しにくい程度まで絞れたので、いくら長く照らしていても、ミミズの行動に影響が出ることはなかった。私の感覚では、満月の明かりよりも少し明るい程度だった。光の色の違いも、観察結果に差がなかった。蠟燭で照らしても、それよりも明るい灯油ランプで照らしても、たいていの場合最初は、ミミズの行動に影響は出なかった。明かりをつけたり消したりしても、関係なかった。しかし時には、とても異なった行動をとることもあった。明かりを当てたとたん、ほとんどたちどころに巣穴に引っ込んだのだ。一〇回に一回くらいの割合だろうか。ただちに引っ込まない場合は、体の先端部を地面から持ち上げた。その反応は、何事かと関心をもったか、驚いたかのようだった。あるいは、何かを感じ取ろうとするかのように、体を左右に動かすこともあった。明かりが苦痛であるかのようにも見えたが、ほんとうにそうなのかどうかは疑わしい。ゆっくりと引っ込んだ後も、巣穴の口から先端部を少しだけ突き出し、いつでもすぐに完全に引っ込める状態でじっとしていることが二回ほどあったからだ。

大きなレンズを使って蠟燭の明かりを体の先端部に集光させると、ミミズはたいていたちどころに引っ込んだ。しかしこの集光も、五回に一回くらいはいかなる反応も引き出さなかった。小さなくぼみにたまった水の中にいるミミズに明かりを集中させたところ、ただちに巣穴に引っ込むということもあった。どういう場合でも、きわめて弱い光でないかぎり、光で照らす時間によって結果に大きな違いが出た。灯油ランプや蠟燭の明かりにさらされたミミズは必ず巣穴に撤退したのだが、それに要した時間には五分から一五分の幅があったのだ。夜間、ミミズが巣穴から出てくる前からポットを明かりで照らしておくと、ミミズが出てくることはなかった。

以上の事実から、明かりの強さと照らされる時間がミミズに影響を及ぼすのは明らかである。ホフマイスターが主張し、私も何度も観察しているように、光の影響を受けるのは、脳神経節が位置している体の先端部だけである。体の先端部は陰にして、他の部分に明るい光を照らしても、何も起こらないのだ。ミミズには眼がないことから、皮膚を透過した光が、なんらかのかたちで神経節を刺激するのだろうと考えるしかない。当初は、時によって異なる反応のしかたをするのは、皮膚の伸長具合によって光の透過率が変わるからだとか、光の特別な投射のしかたが理由かもしれないとも思われた。しかし、そのような関連は見つからなかった。一つはっきりしているのは、ミミズが葉を巣穴に引きずり込もうとしていたり、引きずり込んだ葉を食べているときや、仕事を終えてしばし休憩しているときは、光を感知していないか、気にしていないかのいずれかだということである。そういう場合は、大きなレンズで光を集中させても反応しないのだ。それと、交接中は、朝の光に完全にさらされながらも、穴の外に一、二時間留まっている。ただし、ホフマイスターが言っているように、明かりのせいで交接中のペアが離れることもあるようだ。

ミミズに突然光を当てると、ある友人の言葉を借りるなら、脱兎のごとく巣穴にかけこむ。見た目には、反射的な行動にも映る。脳神経節が刺激されることで、あたかも自動機械のように、ミミズの所定の筋肉が意志や意識に関係なく否応なく反応しているかのように見えるからだ。しかし、明かりが呼び起こす結果は状況によって異なる。特に、ミミズが何かの仕事をしているときや、そういう仕事と仕事の合間だと、どの筋肉と神経節が動員されているにせよ、明かりの影響は出ない場合が多い。そうした事実は、突然の退避行動は単純な反射行動であるという見解とは相容れない。より高等な動物では、注意が何かに集中していると、別の何かから受けるはずの印象は無視されることになる。一つのことに熱中していて、意識がそちらだけに奪われてしまうからだ。注意力があるということは、心の存在を意味する。ハンターならだれでも、獲物が草を食んでいるか闘っているか求愛中であるときのほうが、断然近寄りやすいことを知っている。高等動物の神経系がとる状態も、時と場合によって大きく異なる。たとえばウマは、ちょっとしたことにも驚きやすくなることがある。高等動物の行動と、ミミズのような下等動物の行動をこのように比較することは、こじつけに聞こえるかもしれない。この比較の正当性を疑う理由は見つからないとはいえ、ミミズに注意力となんらかの知的能力を認めることになるからだ。

ミミズには視力があるとは言えないものの、明かりに対する感受性はあるため、昼と夜を区別できる。そのおかげで、敵となる多くの昼行性動物の脅威から逃れることができる。とはいえ、日中巣穴に引きこもっていることは、習性的な行動のようだ。ミミズを飼育しているポットにかぶせたガラスを黒い紙で覆い、北東向きの窓の前に置いたところ、日中は巣穴に引きこもったままで、夜にならないと外に出てこなかったからだ。このパターンは、一週間続いた。もちろん、ガラス板と黒紙の隙間から少しは光が入っていた可能性はある。しかし、色つきガラスのランプを用いた実験から、ミミズは少々の明かりは気にしないことがわかっている。

ミミズは、明るい光に対する感受性よりも、中程度の放射熱に対する感受性のほうが低いようだ。私がそう判断したのは、温めた火かき棒を、手が温かみを感じるくらいの距離まで近づける実験を何匹かで試した経験による。一匹目は反応がなかった。二匹目は、巣穴に引っ込んだが、素早くではなかった。三匹目と四匹目ではスピードが上がり、五匹目は最大スピードだった。レンズで集光した蠟燭の光をガラスを通すことで熱線のほとんどをカットした実験では、温めた火かき棒の場合よりも、概ねはるかに素早い反応があった。ミミズは、低温には敏感である。厳冬期には穴から出てこないことからもそう思われる。

ミミズに聴覚はない。金属製ホイッスルの甲高い音を近くで繰り返し鳴らしてみたが、全く反応しなかった。ファゴットの大きな重低音にも反応しなかった。息がかからない限り、叫び声にも無関心だった。ピアノの鍵盤近くのテーブルの上にポットを置き、最大の音量で演奏しても、ミミズは全く無反応だった(10)。

ミミズは、人の耳には聞こえる空気の波動には無関心なのだが、固体の振動にはきわめて敏感である。ピアノの音には無関心だった二匹のミミズを入れたポットをピアノの上に置き、ヘ音記号のCの鍵盤をたたいたところ、二匹ともたちどころに穴に引っ込んだ。二匹が穴から出てきたところで、ト音記号のGの鍵盤をたたいたところ、二匹はやはり引っ込んだ。別の夜の実験で同じ状況を設定し、とても高い音の鍵盤を一度だけたたいたところ、一匹が穴に駆け込んだ。ト音記号のCの鍵盤をたたいたところ、もう一匹も穴に逃げ込んだ。一連の実験では、ミミズは、皿を敷いてピアノの上に置いたポットの壁には接していなかった。つまり、ピアノの振動は、ピアノの上の皿からポットの底と土に伝わってミミズに届いたことになる。その土はそれほど固められたものではなく、ミミズはそこに掘った穴にしっぽで体を固定していた。飼育ポットや、そのポットが置かれているテーブルがたまたまこつんと軽い衝撃を受けた

(10)　ファゴットは息子のフランシス（45ページ注14参照）の趣味で、ピアノは妻エマのもの。ショパンのレッスンを受けたこともあったエマのピアノ演奏を、ダーウィンはいつも楽しんでいた。

だけで、ミミズはたいてい敏感に反応した。ただし、そのような振動への感受性は、ピアノの振動音に対する感受性よりも低いようだ。そういうたまたまの振動に対するミミズの感受性は、その時々で大きく異なっていた。地面がドスンと揺れたりなどすると、ミミズはモグラに追いかけられたと勘違いして巣穴を離れると、よく言われてきた。私は、たくさんのミミズが生息するいろいろな場所で地面をドスンといわせてみたのだが、ミミズは一匹も出てこなかった。しかし、鋤で地面を掘り、地中のミミズを激しく刺激した場合は、巣穴から大慌てで這い出して来ることがよくある。

ミミズは、体のどこでも接触に敏感である。息を少し吹きかけただけでも、ミミズはすぐに巣穴に引っ込む。ミミズを飼育しているポットにはガラスをかぶせてあるが、どうしても隙間ができる。その隙間から風が入ると、ミミズが大急ぎで引っ込むことがよくある。ガラスのふたをさっとはずしたときに生じる気流に反応するときもある。ミミズが巣穴を出る際は、体の先端をせいいっぱい伸ばし、触覚器を振るかのように、すべての方向に動かすのが一般的である。次章で検討するように、ミミズはそうやって対象の形状のおおよその感じをつかめると信じてよい理由がある。ミミズがもっているすべての感覚のうちでは、振動を感知するということも含めて、触覚が最も発達しているようである。

ミミズの嗅覚は、ある種の匂いを感じ取れるだけで、弱いようだ。私の息には、そっと吹きかけるかぎり、無関心である。そんな実験をしたのは、臭いで敵の接近を察知する可能性があるように思えたからである。タバコを嚙んだり、ミルフルールの香水や酢酸を含ませた綿を口に含んで試したときも、無関心だった。タバコの汁、ミルフルールの香水、灯油などを含ませた小さな綿をピンセットで摘まみ、二、三インチほどの距離で動かすという実験を何匹かで試してみたが、それでもミミズは無反応だった。ただし一例か二例で、その綿に酢酸を含ませてみたところ、ミミズは少し不快な感じを見せた。これはおそらく、皮膚がピリピリしたせいなのだろう。自然界にはないそのような臭いを感知することは、ミミズにとっては何の益もないはずである。しかもミミズは臆病な動物なので、嗅覚があるとしたら何らかの新しい徴候を示してもよさそうなものである。なので、ミミズはそれらの臭いを感知したわけではないと結論してよいだろう。

キャベツの葉やタマネギのかけらの場合は話が違った。どちらも、ミミズは喜んで食べたのだ。キャベツの新鮮な葉や腐りかけた葉、タマネギの小さな四角いかけらを、飼育ポットの土に四分の一インチほどの深さで埋める実験を九回行なった。ポットの土は、ふつうの庭の土である。するとミミズは、毎回それらすべてを発見した。キャベツの葉片一個は、二時間で発見されてなくなった。三個は、翌朝までに、すなわち一晩でなくなった。二個は二晩で、七個目の葉片は三晩でなくなった。タマネギのかけら二個は、三日後になくなった。新鮮な生肉のかけらはミミズの大好物なのだが、埋めてから四八時間たっても見つけられなかった。その間、肉は腐らないままだった。埋めた食物にかぶせた土は、それほど強く押し付けたわけではなかったので、臭いが封印されるということはなかった。しかし二回の実験については、土の表面を水でよく湿らせたので、いくらかは硬めになった。

キャベツやタマネギのかけらがなくなった後で、埋めておいた場所の下を調べてみた。ミミズはたまたま下からやってきたのかを調べるためなのだが、穴は見つからなかった。小さな錫箔に乗せた状態で食物を埋めた二回の実験では、錫箔の移動はいっさいなかった。ミミズは、巣穴にしっぽを固定したまま地表のあちこちに体を伸ばし、食物が埋められている場所に頭を突っ込むことも可能ではある。しかし、ミミズのそのような行動を目撃したことはない。キャベツあるいはタマネギのかけらを何個かずつ、細かい砂鉄の下に埋める実験を二度行なった。砂鉄はちょっと押し付けて水をよく含ませたため、かなり硬くなった。この場合は埋めた食物が見つけられることはなかった。次の実験では、同じ砂鉄を使い、押し付けも水を含ませることもせずにおいた。するとキャベツのかけらは二晩後には発見され、なくなった。これらの事実から、ミミズには臭いをある程度感知する能力があることがうかがわれる。ミミズは臭いを手掛かりに、いい臭いのするおいしそうな食べ物を見つけるのだろう。

さまざまなものを食べている動物はみな、味覚をそなえていると考えてよい。ミミズもその例に漏れないだろう。キャベツはミミズの好物である。品種の違いも区別できるようだ。おそらくそれは、食感の違いによるものなのだろう。ふつうの緑色の品種と、ピクルス用の赤い品種の新鮮な葉を与える実験を一一回行なった。ミミズの好みは緑の品種だった。赤キャベツは、完全に無視するか、かじった量が少ないかだった。しかし別の二度の実験では、赤キャベツも好まれたようだった。腐りかけた赤キャベツと新鮮な緑のキャベツが、同じくらい食べられたのだ。キャベツと（好物の）ホースラディッシュの葉とタマネギを同時に与えた実験では、明らかにタマネギが常に好まれた。キャベツ、シナノキ（セイヨウシナノキ）、ノブドウ、パースニップ

（シロニンジン）、セロリなどの葉も、いっしょに与えてみた。すると最初に食べられたのはセロリだった。しかし、キャベツ、カブ、ビート、セロリ、セイヨウミザクラ、ニンジンなどの葉をいっしょに与えた実験では、セイヨウミザクラとニンジン、それも特にニンジンの葉が、セロリも含めた他のどれよりもいちばん好まれた。何回もの実験から、セイヨウミザクラの葉は、シナノキやハシバミの葉よりも好物であることも明らかだった。ブリッジマン氏[11]によれば、ツルハナシノブの腐りかけた葉が特にミミズの好物だという[*15]。

キャベツ、カブ、ホースラディッシュの葉、タマネギのかけらを二日間にわたってポットに置いたところ、すべてに手がつけられたため、追加しなければならなかった。しかし、その期間ずっと、ヨモギ、セージ、タイム、ミントの葉もいっしょに置いたのだが、ミント以外は、完全に無視された。ミントだけは、時たま、ほんの少しだけ食べられた。ヨモギ、セージ、タイム、ミントの葉には、ミミズが異を唱えられるような食感の違いはない。どれにも独特の風味があるが、キャベツ、カブ、ホースラディッシュ、タマネギにしても同じことだ。実験結果に大きな違いが出たのは、それぞれに対するミミズの好みの違いのせいであるにちがいない。

知的能力

この点に関して、語るべきことはほとんどない。ミミズが臆病なことは見てきたとおりである。傷ついたときに、体のよじらせ具合が示すほどの痛みを感じているかどうかは疑わしい。ある種類の食べ物に示す強い欲求から判断すると、食事は楽しんでいるにちがいない。生殖にかける熱意は、光に対する恐怖にしばし打ち勝つほど強い。社会性の兆しはそなえているかもしれない。互いの体の上を這うことも平気だし、体を触れ合った状態でいることもあるからだ。ホフマイスターによれば、冬期は単独で過ごすこともあれば、巣穴の底で他の個体と絡み合い団子状になって過ごしていることもあるという。[*16] ミミズはいくつかの感覚器を著しく欠いてはいるが、だからといって知能がないとはかぎらない。全盲全聾の奇跡の人ローラ・ブリッジマン(12)の例もある

(11) ウィリアム・ケンスリー・ブリッジマン（一八一二〜八四）　イングランド東部のノリッチで開業する歯科医、ナチュラリスト。一回の手紙の交換があるが、ミミズの話題ではない。

(12) ローラ・ブリッジマン（一八二九〜八九）　アメリカの教育者。幼くして全盲全聾となったが、正規の教育を受け教育者となった。ダーウィンと文通した記録はない。

ではないか。しかも、すでに見てきたように、ミミズは何かに熱中すると、ふだんなら気にかける対象を無視してしまう。注意力は、ある種の心の存在を示すものである。時にはすごく興奮しやすくなることもある。本能的な行動も少しは見せる。若い個体も含めて、すべてのミミズがほぼ同じように見せる決まった行動があるのだ。ペリケータ属（*Perichaeta*）の種は排泄によって糞塊の塔を作るのがそのよい例だろう。ふつうのミミズが、穴の内側を細かい土や小石でつるつるに内張りし、入口は葉で内張りをするのも本能的な行動である。なかでも特に強い本能的行動は、巣穴の入口をさまざまな材料でふたをすることだろう。ごく若い個体も同じことをする。ただしこの作業でも、次章で検討するように、ある程度の知能を発揮しているように見える。この点は、ミミズに関して、なによりも驚かされた結果である。

食物と消化

ミミズは雑食性である。大量の土を飲み込み、その中から消化できるものを摂取している。ただしこの問題については、後ほど立ち戻る必要がある。そのほか、まずいものや硬すぎるものは別にして、あらゆる種類の腐りかけの葉を大量に食べているほかに、茎や腐った花なども食べている。ただし、何度も行なった実験で確認しているように、新鮮な葉も食べる。モレンによれば、砂糖や甘草エキスのかけらも食べる。[*17]飼育していたミミズは、澱粉のかけらもたくさん巣穴に運び込み、大きなかけらは口から染み出ている水分で角が丸くなっていた。しかしミミズはよく、白亜（チョーク）のような軟らかい小石も巣穴に引きずり込むため、澱粉を運ぶのは食べるためなのかどうか、いささかの疑問がある。生肉やローストした肉のかけらを長いピンでポットの土に刺しておく実験を何度か繰り返した。するとミミズは、夜ごと現れては肉の角をくわえて引っぱるのが観察され、肉のかなりの部分が食べられた。生の脂肪は、生肉など与えたどんなものよりも好きなようで、その多くが食べられた。共食いもする。ミミズの死体を半分に切って二つのポットに入れておいたところ、巣穴に引きずり込まれてかじられていたのだ。とはいえ、私の見るところ、腐った肉よりは新鮮な肉のほうが好きなようだ。その点では、ホフマイスターとは意見が異なる。レオン・フレデリク(13)によれば、ミミズの消化液は高等動物の膵液と同じ成分だという。[*18]この結論は、ミミズが食べている食物の種類と完全に合致している。膵液は、脂肪を分解する。ミミズが脂肪に目がないことは、たった今見たとおりである。膵液にはフィブリン［繊維状のタンパク質］も溶解する作用があり、ミミズは生肉を食べる。膵液は、澱粉をすみやかにブドウ糖に分解する。[*19] この後すぐ見るように、ミミズの消化液は澱粉に効く。とはいえ、ミミズの主食は腐りかけた葉である。したがって葉の細胞壁を形成しているセルロースを消化できなければ栄養にならないことになる。周知のように、セルロース以外の葉の栄養素は、葉が落ちる前にほとんど完全になくなっているからである。ところがセルロースは、高等動物の胃液ではほとんど全く消化できないものの、膵液ならば分解できることが今では確認されているのだ。[*20]

ミミズは、食物にする腐りかけの葉や新鮮な葉を、巣穴の入口から一～三インチほど引きずり込み、口から吐いた液体で湿らせる。この液体が葉の腐敗を早めると言われてきた。そこで私は、たくさんの葉を巣穴から再び外に出し、ガラス鐘の中の高い湿度環境に何週間も置くという実験を二度行なってみた。しかし、ミミズ自身が湿らせた部分のほうがそれ以外の部分よりも明らかに腐りやすいということはなかった。夕方、飼育しているミミズに新鮮な葉を与え、翌朝早くに調べてみた。つまり、巣穴に引きずり込まれてからそれほどの時間はたっていないことになる。ミミズが湿らせた液体をリトマス試験紙で調べたところ、アルカリ性だった。セロリ、キャベツ、カブの葉でも試したが、結果は同じだった。同じ葉の、ミミズが湿らせていない部分に数滴の蒸留水を浸み込ませ、抽出した汁を調べたところ、アルカリ性ではなかった。一方、屋外の巣穴に、いつからとも知れず引きずり込まれていた葉で試したところ、湿り気を保っていたのに、アルカリ性の痕跡すら確認できなかった。

葉にかけられる液は、葉が新鮮か新鮮に近いうちは、注目すべき作用を及ぼす。たちまちのうちに葉を枯らし、変色させるのだ。ニンジンの新鮮な葉の端っこなどは、巣穴に引きずり込まれて一二時間後には、茶褐色に変色していた。セロリ、カブ、カエデ、ニレ、シナノキ、キヅタの薄い葉などにも同様の作用を及ぼした。キャベツの葉も、ときどきそういうふうになった。地面に生えているシバムギ（*Triticum repens*）の葉の端っこが巣穴に引きずり込まれていたときは、その部分だけが茶褐色になって枯れていたものの、葉の他の部分は新鮮な緑のままだった。屋外の巣穴から、何枚かのシナノキとニレの葉を引っ張り出して調べたところ、影響の受け方に段階的な変化

(13) レオン・フレデリク（一八五一〜一九三五）ベルギーの医師、生理学者。ダーウィンと文通した記録はない。

があった。最初の変化は、葉脈がオレンジ色がかった赤褐色になる。次いで、葉緑体を含む細胞はその緑色をほぼ失い、最終的には褐色になる。そうなった部分は、反射光に照らされるとほとんど真っ黒に見えるものが多かった。顕微鏡で見ると、小さな斑点状に光を透過した。同じ葉でも侵されていない部分は、そうではなかった。しかしこうした結果は、ミミズの分泌液が葉にとってはきわめて有毒であることを示しているだけである。これとほぼ同じ効果は、チモール［タイム油などの精油成分の一つで、殺菌剤となる］添加ないし無添加の人工膵液に若い葉をさらすと一、二日で現れるし、チモールだけの溶液だとすばやく現れたからだ。一度、ハシバミの葉を、チモールを含まない膵液に一八時間浸けたままにしておいたところ、かなり変色した。柔らかい若い葉をかなり温暖なときにヒトの唾液に浸けておいても、膵液の場合ほど素早くではないが、同じ作用が見られた。それらすべての葉には液体がしみ込んでいるケースが多かった。

壁をはうツタの大きな葉は、ミミズがそのままかじるには硬すぎる。しかし、ミミズの口から出る分泌物に晒されることで四日後には独特の変化が見られた。ミミズが葉の上を這うと、汚れが残るのでそれとわかる。曲がりくねった連続した線か、白っぽくて直径二ミリほどの星形の斑点だったりする破線である。見かけ上は、小さな虫の幼虫が葉の中に潜り込んでいるかのようだった。しかし、私の息子フランシス(14)がその葉の切片を作って調べてみたが、細胞壁が壊されていたり、表皮に穴があいている様子は見つからなかった。白い斑点を横切るように切った切片では、葉緑体はほぼ変色させられているように見えた。しかも、一部の柵状組織と葉肉の細胞は、粉々になった粒状の物質のほかは空っぽだった。そうなったのは、分泌物が表皮から細胞内に浸み込んだせいにちがいない。

ミミズが葉を湿らせる分泌物は、細胞内の澱粉粒にも作用する。フランシスが、ミミズの穴に一部引きずり込まれた何枚かのトネリコとたくさんのシナノキの落ち葉を調べた。落ち葉では、澱粉粒は気孔を取り囲む孔辺細胞に貯蔵されることがわかっている。ところが、調べた何枚かの葉では、ミミズの分泌物で湿らされた部分の孔辺細胞から澱粉が一部あるいは完全に消えていたのに対し、同じ葉の他の部分にはまだた

(14)　フランシス・ダーウィン（一八四八～一九二五）　ダーウィンの七番目の子供。ダウンに居住し、父親の実験を手伝った。父の死後、ロイヤルソサエティ会員に選ばれ、ケンブリッジ大学で植物学を講じた。父の自伝、書簡集を編集した。一九一三年にナイト爵を授与された。

くさん保存されていた。なかには、二つの孔辺細胞のうちの一つだけから澱粉が溶けて消えているものもあった。一例では、澱粉粒と共に、孔辺細胞の核が消えていた。湿った土にシナノキの葉を九日間埋めただけの実験では、澱粉粒の破壊は起こっていなかった。一方、人工膵液にシナノキとサクラの新鮮な葉を一八時間浸したところ、孔辺細胞だけでなく他の細胞からも澱粉粒が溶けて消えた。

葉を湿らせる分泌液はアルカリ性であることと、澱粉粒と細胞質の内容物に作用することから、その成分は唾液ではなく膵液に類似していると推測できる。[*21] フレデリクにより、ミミズの腸からこの種の分泌物が見つかることがわかっている。巣穴に引きずり込まれた葉は、乾燥してしわしわになっていることが多い。そのため、歯をもたないミミズがそれを分解するためには、まず最初に湿らせて柔らかくすることが必須である。新鮮な葉が、たとえどんなに柔らかくて水分に富んでいようとも、ミミズは同じ処理をする。おそらく習性なのだろう。その結果として、葉は、ミミズの消化管に取り込まれる前にすでに一部消化されている。私は、消化管外消化の例がこれ以外にも記録されたという話を聞いたことがない。ボア［中南米に分布する大型のヘビ］は獲物を唾液で湿らすといわれているが、それは単に、獲物を滑りやすくするためなのだろう。いちばん近い例としては、モウセンゴケやハエトリグサといった食虫植物かもしれない。食虫植物では、胃の中ではなく、葉の表面上で動物が消化されてペプトンに分解されるからだ。

石灰腺

この分泌腺（図1を参照）は、その大きさとたくさんの血管が通っていることから判断して、ミミズにとってとても重要な器官であることがわかる。しかし、その用途に関する説は、提唱者の数だけある。石灰腺は三対あり、ふつうのミミズでは、砂嚢の前の消化管に開口している。ただしナンベイミミズ属（*Urochaeta*）ほかいくつかの属では、砂嚢の後方に位置している。[*22] 後方の二対は薄板状になっており、クラパレードによれば、食道の憩室となっている。[*23] その薄板は、柔らかい細胞の層で覆われており、その外側は無数の遊離した細胞になっている。この石灰腺に穴をあけて絞ると、遊離細胞からなるどろどろした白い液が大量に出てくる。遊離細胞は微小で、直径は二〜六ミクロンである。その中心には、きわめて小さな粒状のものが一つある。それらは油滴のようにも見えるため、クラパレードらは、最初それをエーテルで溶かそうと試みたのだが、それではいかなる反応も生じない。ところが、酢酸だと泡を立ててたちどころに溶ける。しかも、その溶液にシュウ酸アンモニウムを加えると、白い沈殿物が生じる。つまりそれには炭酸石灰が含まれていると結論してよいだろう。この細胞をごく少量の酸に浸すと、どんどん影が薄れていって透明となり、じきに見えなくなる。酸を多めにすると、たちどころに消え去る。たくさんの細胞を溶かすと、綿状のかすが残る。どうやら、破裂した微細な細胞壁のようだ。後方の二対の腺では、細胞中に含まれる炭酸石灰が凝固して菱形の小さな結晶となり、結石のように薄板のあいだに固まっていることがあるという。しかし、私が確認したのは一例だけであり、クラパレードも数例しか報告していない。

前方の二つの分泌腺は、後方の四つの分泌腺とは形状が若干異なっている。卵形に近いのだ。炭酸石灰の粒を、小さい場合は五、六個、大きめの場合は二、三個、最大にして直径一・五ミリのものを一個含むことが稀ではない点でも異なっている。粒を一個も含まない場合、あるいはとても小さな粒を数個しか含んでいない場合は、分泌腺の存在自体も見逃しかねない。大きな粒は球形か卵形で、表面はほぼ滑らかである。分泌腺全体を占拠しているものが多く、腺の首の部分まで占めていた一つなどは、まるでフラスコ状をしたオリーブオイルのびんのような形状に見えた。そうした凝固物の砕けたものは、結晶構造をしていることがわかる。そのようなものが分泌腺からどのようにして排泄されるのかは不思議である。しかし、排泄されることはまちがいない。飼育下のミミズでも、野生のミミズでも、砂嚢や腸、あるいは糞の中からもそれがよく見つかるからだ。

クラパレードは、前方の二つの分泌腺についてほとんど言及していない。凝固物を形成する石灰質の出どころは後方の四つの分泌腺だというのが、彼の見解である。しかし、小粒の凝固物しか含んでいない前方の分泌腺を酸に浸してから解剖するか、酸で処理しないままで腺の切片を作ると、後方の分泌腺にあるものとよく似た、細胞のようなもので覆われた薄板がはっきりと確認できる。しかもそこには、酢酸によく溶ける、遊離した石灰質の細胞も多数見つかる。一個の大きな凝固物でいっぱいになっている分泌腺には、遊離した細胞は存在していない。凝固物の形成にすべて使われてしまったからだ。ただしそのような一個の大きな凝固物か、中程度の大きさの凝固物を酸に溶かすと、膜状の物質があとに残る。それらは、以前は機能していた薄板のかすであるように見受けられる。大きな凝固物が形成されて排泄されると、新しい薄板が何らかの仕組みで再生するようだ。私の息子が作った切片の一つで、その再生が始まっているのが確認された。その分泌腺には、かなり大きめの二個の凝固物が含まれていたのだが、細胞壁近くに、断面が卵形のチューブが交差していたからだ。しかもその内側は細胞状のもので覆われ、遊離した石灰細胞で満たされていた。卵形チューブが一方向に伸びることで、薄板が生じるのだろう。

遊離した石灰細胞には核が見当たらないが、それとは別にかなり大きめの遊離した細胞が見つかったことが三度あった。その細胞では、明瞭な核と核小体が認められた。それらの細胞は酢酸にさらされていたことで、核の存在がよりはっきりと確認できる程度までになったのだ。前方の分泌腺内の二つの薄板のあいだからは、きわめて小粒の凝固物が一つ見つかった。それは、たくさんの遊離した石灰細胞や、やはり遊離した核をもつ大型の細胞多数とともに、柔らかい細胞物質に埋まっていた。後者の核をもつ大型の細胞は酢酸には溶けなかったが、前者の石灰細胞は溶けた。こうした事例から考えられることは、石灰細胞は核をもつ大型の細胞から発達するということだろう。しかしどういう仕組みによるものかは、わからなかった。

前方の分泌腺に何個かの凝固物が含まれている場合、なかには外形が尖ったものや結晶状のものもあるが、大多数は丸みを帯びた桑の実状である。そうした桑の実状の凝固物のあちこちに石灰細胞が付着しており、付着したままの状態で石灰細胞が徐々に消失していくのが観察できた。したがって、凝固物は遊離した石灰細胞に含まれる石灰から形成されることがわかった。凝固物は大きさを増すにつれて互いに接触して結合し、すでに機能を失っている薄板を取り囲んでいく。そういう段階を踏むことで、最大級の凝固物が形成されることになる。この形成過程は、決まって前方の二つの分泌腺で進行し、後方の四つの分泌腺ではめったに起こらないのだが、その理由はまったくわかっていない。モレンによれば、これらの分泌腺は冬期になると消失するという。私もそうした例をいくつか観察している。そのほか、前方か後方いずれかの分泌腺が、冬期になると見分けるのが困難なほど萎縮して空になる例も確認している。

石灰腺のはたらきに関しては、主としては排泄器官であり、副次的な役割は消化の手助けと思われる。ミミズは大量の落ち葉を食べる。葉は、植物体から落ちる前に、石灰を蓄積することが知られている。[*24] 石灰以外のさまざまな有機物や無機物は茎や根に再吸収されるのだが、石灰は再吸収されないのだ。アカシアの葉の灰には、七二パーセントもの石灰が含まれている。なのでミミズとしては、なんとしてもこの石灰を排泄しないわけにいかない。さもないと、体中に石灰が詰まってしまいかねないからだ。この目的をかなえているのが石灰腺なのである。チョーク層のすぐ上を覆う土壌にすむミミズの消化管には石灰が詰まっていることが多く、糞はほとんどまっ白である。この場合、石灰質の供給が過剰になっているのは明らかである。ところが、そのような場所で採集した何匹かのミミズの石灰腺は、石灰成分がほとんどないかまったくない土壌にすむミミズの石灰腺と同じくらい多数の遊離した石灰細胞を含み、大きな凝固物がたくさん詰まっていた。この事実は、糞中の石灰は排泄物であって、何らかの特別な目的で消化管内に分泌されたものではないことを示している。

その一方で、こう考えることもできる。石灰腺から分泌される炭酸石灰は、通常の状態での消化作用を助けている可能性も高いのではないか。葉は、腐って分解される過程で、腐植酸と総称されるさまざまな種類の酸を大量に生成する。この問題は5章で改めて取り上げるつもりなので、ここでは、腐植酸は炭酸石灰とよく反応するということだけを言っておく。ともかく、ミミズは腐りかけの葉を大量に体内に取り込むわけで、それが消化管内で水分を吸って砕かれた後は、酸を生成しやすいのだ。何匹ものミミズの消化管の内容物をリトマス試験紙で調べたところ、明らかに酸性だった。

膵液はアルカリ性なので、この酸性度は消化液の作用によるものではない。葉を食べる準備として口から吐き出す分泌液もアルカリ性であることはすでに述べたとおりである。消化管内容物の酸性度を尿酸のせいにするわけにもいかないだろう。腸の前部の内容物は酸性であることが多かったからだ。一例では、砂嚢の内容物が弱酸性で、腸の前部の内容物はそれよりさらに酸性度が強かった。別の例では、咽頭の内容物は酸性ではなく、砂嚢の内容物も酸性っぽくはなかったのに対し、砂嚢から五センチ後ろの腸の内容物は明らかに酸性だった。草食性あるいは雑食性の高等動物でさえ、大腸の内容物は酸性である。「これは、粘膜から酸が分泌されるからではない。大腸の腸壁の反応も小腸と同じようにアルカリ性なのだ。したがってそれは、消化管内容物の中で進行する酸発酵によるものにちがいない。（中略）食肉類では、盲腸中の内容物はアルカリ性だと言われているし、当然のことながら、どれほど発酵が進むかは、食物の種類に大きく依存している」[*25]

ミミズでは、消化管内容物だけでなく、排泄物も一般に酸性である。異なる場所から三〇個の排泄物を集めて調べたところ、三例ないし四例の例外を除き、すべて酸性だった。その例外は、排泄されてから時間がたっていたせいである可能性がある。最初は酸性だったのに、いったん乾燥してから湿り気を帯びたことで、翌朝には酸性ではなくなった排泄物もあったからだ。それはおそらく、周知のごとく、腐植酸は分解されやすいせいなのだろう。チョーク層を覆う土壌にすむミミズの新鮮な排泄物を五個集めたところ、いずれもみな白色で、石灰質に富んでいた。しかもまったく酸性ではなかった。この事実は、炭酸石灰がいかに効率よく消化管内容物の酸を中和するかを物語っている。鉄分を含む細かい砂を入れたポットで飼育していたミミズでは、シリカ（二酸化珪素）の粒を覆っていた鉄酸化物が分解され、排泄物中のシリカから除去されていたことがはっきりと確認された。

ミミズの消化液は、すでに述べたように、高等動物の膵液と作用が似ている。高等動物では、「膵液による消化ではアルカリ性であることが必須である。いくらかでもアルカリ性ではないと、消化が起こらないのだ。このアルカリ液の作用は、消化管内容物の酸によって弱まり、中性になったところで終わる」[*26]。そういうわけで、後方の四つの分泌腺からミミズの消化管に分泌される大量の石灰細胞が、消化管内の腐りかけの葉の酸をほぼ中和するはたらきをしている可能性がきわめて高いと思われる。すでに述べたように、石灰細胞は、少量の酢酸でたやすく分解されてしまう。しかも、石灰細胞は消化管前部においてさえその内容物を中和するだけの量には足りないため、前方の一対の分泌腺内で石灰が凝集して塊になる。その結果、凝固物の一部が消化管の後方に運ばれることになり、酸性の内容物の中を転がされる。後方の消化管や排泄物中から見つかる凝固物には、ボロボロ状態のものが多いのだ。ただしそれが、摩擦によるものなのか、酸化作用によるものなのかは断言できない。クラパレードの考えは、それは摩擦作用によるものであり、それによって食物を砕いたせいなのだというものである。たしかに、そういう作用もあるかもしれない。しかし私としては、その作用はあくまでも二次的なものだというペリエの意見に与したい。食物を砕く作用は、ミミズの砂嚢や腸からふつうに見つかる小石によってすでに達成されているからだ。

＊6　Bidrag till Skandinaviens Oligochætfauna, 1871.

＊7　Die bis jetzt bekannten Arten aus der Familie der Regenwürmer, 1845.

＊8　草の成長にとって圧力が実際に好ましいと信じるに足る理由も存在する。ロイヤル農業カレッジの実験圃場で草の成長を観察したバックマン教授は次のように報告している。「もう一つの設定条件は、隔離するか小さな群落で栽培

するというもので、草地の健全な成長維持に欠かせない、ローラーをかけられたり踏まれたりという条件を取り除いた」(Gardeners' Chronicle, 1854, p. 619)

＊9 ペリエ氏のすばらしい論文「ミミズの体制について」(Organisation des Lombriciens terrestres, Archives de Zoolog. expér. tom. iii. 1874, p. 372) には頻繁に言及することになる。C・F・モレンは、ミミズは夏ならば一五〜二〇日ほど水に耐えられるが、冬だと死んでしまうことを確認した (De Lumbrici terrestris Hist. Nat., 1829, p. 14)。

＊10 Morren, De Lumbrici terrestris Hist. Nat., &c., 1829, p. 67.

＊11 De Lumbrici terrestris, Hist. Nat. &c., p. 14.

＊12 Histolog. Untersuchungen über die Regenwürmer. Zeitschrift für wissenschaft. Zoologie, B. xix., 1869, p. 611.

＊13 たとえばブリッジマン氏とニューマン氏 (The Zoologist, vol. vii. 1849, p. 2576) や、私のためにミミズを観察してくれた友人たち。

＊14 Familie der Regenwürmer, 1845, p. 18.

＊15 The Zoologist, vol. vii. 1849, p. 2576

＊16 Familie der Regenwürmer, p. 13.

＊17 De Lumbrici terrestris Hist. Nat. p. 19.

＊18 Archives de Zoologie expérimentale, tom. vii. 1878, p. 394.

＊19 膵液の作用については、A Text-Book of Physiology（Michael Foster, 2nd edit. 1878, pp. 198 - 203）を参照。

＊20 Schmulewitsch, Action des Sucs digestifs sur la Cellulose, Bull. de l'Acad. Imp. de St. Pétersbourg, tom. xxv. 1879, p. 549.

＊21 クラパレードは、ミミズが唾液を分泌することに懐疑的である。Zeitschrift für wissenschaft. Zoologie, B. xix. 1869, p. 601を参照。

＊22 Perrier, Archives de Zoolog. expér., July, 1874, pp. 416, 419.

＊23 Zeitschrift für wissenschaft. Zoologie, B. xix. 1869, pp. 603 - 606.

＊24 De Vries, Landwirth. Jahrbücher, 1881, p. 77.

＊25 M. Foster, A Text-Book of Physiology, 2nd edit. 1878, p. 243.

＊26 M. Foster, Ibid. p. 200.

2章　ミミズの習性（承前）

ミミズを飼育しているポットの土に葉をピンでとめておくことで、夜にミミズがどうやってものをつかむかを観察できた。ミミズはいつも、その葉を巣穴に引きずり込もうとした。その際、葉が柔らかい場合には、葉を吸い込んで小片を引きちぎった。ふつうは、上唇と下唇を突き出し、葉の薄い端をくわえた。それと同時に、ペリエも指摘しているように、部厚い咽頭を体内で押し出すことにより、上唇を支える支点にする。対象が厚くて平らな場合は、やり方が全く違っていた。体の尖った先端部分を、葉に密着させた上で隣接する体節の中に引き込むのだ。そのため、見た目には先端部がちょん切れたようになり、体の後部と同じくらいの太さになる。するとその部分は少し膨らんだように見えるのだが、それは、咽頭が前方に少し押し出されているせいだと思う。その結果、咽頭をわずかに引っ込めるか広げることで、葉に密着させて膨らんだぬるぬるの先端部の下側が真空状態になる。これによって、ミミズと葉はしっかりとくっつくのだ。[*27] この状況で真空状態が生じるのを目の当たりにしたのは、萎れたキャベツの葉の下にいた大きなミミズがそれを運ぼうとしたときのことだった。ミミズの先端部の真上にあったキャベツの表面がぎゅっと窪んだのだ。別の例では、ミミズが平らな葉を急に離したとき、体の先端部がカップ状になっているのが一瞬見えた。ミミズは、同じやり方で水中からでもものをつかめる。水に浸したタマネギの薄片をそうやって引きはがすのを見たことがある。

新鮮な葉かほぼ新鮮な葉を地面に固定しておくと、その端をミミズがかじり取ることが多かった。ときには、葉の片面の表皮と柔組織のすべてが、かなりの範囲にわたって完全にかじり取られることもあった。その場合、葉の反対面の表皮はきれいに残されていた。葉脈は手つかずのままなので、葉の一部が筋だけになることもあった。ミミズに歯はなく、口もとても柔らかい組織でできている。したがって、新鮮な葉の端や柔組織は、消化液で柔らかくしてから吸い込むことで食べられているのではないかと思われる。ハマナ（シーケール）のような硬い葉やツタの大きくて厚い葉をかじることはできない。ただし、腐ったキヅタの葉の一部が筋だけにされていたことならある。

ミミズが葉などをつかむのは、食物にするためだけでなく、巣穴の入口をふさぐためにもする。これは、ミミズにとってはとても強い本能なのだ。巣穴のふたにするのは葉だけではない。さまざまな葉柄や花柄のほか、枯れ枝、紙きれ、羽毛、ウールの繊維、ウマの毛などを用いることも多い。クレマチスの葉柄が、一つの巣穴の入口から一七個、別の巣穴からは一〇個も突き出ているのを見たことがある。ふたにされたもののうち、名前をあげたクレマチスの葉柄や羽毛などをミミズがかじることはない。わが家の庭にある砂利道では、何百本ものマツ（ヨーロッパクロマツ）の葉が、軸を下にして巣穴から突き出ているのを見つけた。松葉と枝との結合部分は、四足動物の脚の関節のように独特の形状をしているので、その部分が少しでもかじられていれば、そのことはすぐにわかるはずである。しかし、かじった痕跡はまったくなかった。巣穴に引きずり込まれていたふつうの双子葉植物の葉がかじられていることはない。一つの巣穴に九枚ものシナノキの葉が引きずり込まれているのを見たが、ほとんど一つもかじられてはいなかった。ただし、先々の食料として保存されていた可能性はある。落ち葉がたくさんあるときには、使用できる以上の数の葉が巣穴の上に集められていることもある。その結果、未使用の葉が、巣穴に一部引きずり込まれた葉の上を屋根のように覆うことになる。

筒状の巣穴に葉を引きずり込むとなれば、葉は折り畳まれるかクシャクシャになるに決まっている。さらに別の葉を引きずり込むときには、前の葉の上に重ねていくことになる。そして最終的には、すべての葉は折り重ねられてぎゅっと押し付けられる。場合によっては巣穴の入口を広げたり、近くに新しい入口を作って、さらにたくさんの葉を引きずり込むこともある。ミミズはたいてい、引っ張り込んだ葉と葉の隙間を、体内から排泄したねばねばの土で埋めている。そうすることで、巣穴の入口はしっかりとふたをされる。そういうふうにしてふたをされた巣穴が、あちこちから何百となく見つかる。秋と初冬には特に多い。しかし、これから述べるように、葉が巣穴に引っ張り込まれるのは、巣穴のふたや食料としてだけではなく、巣穴の上部や入口の内張りにするためでもある。

巣穴を塞ぐための葉や葉柄、枝などが手に入らない場合、ミミズは小石を積み上げることで巣穴を守る。丸い小石を積み上げたそのような小山は、砂利道でよく見かける。この場合、その小石が食用でないことは明らかである。ミミズの習性に興味をもつご婦人[1]が、いくつかの巣穴を覆う小石の山を取り払い、巣穴のまわり何インチかの地面を均す実験を試みた。その夜にトーチをもってその場所に見に行ったところ、ミミミズたちはしっぽを巣穴の中に固定した状態で身を乗り出し、口で吸って小石を巣穴に引っ張り込んでいたという。「二晩後には、八、九個の石を積み上げた巣穴がいくつか見つかりました。四晩後には、一つの巣穴には三〇個、別の巣穴には三四個の小石がありました」[*28]。砂利道を越えて巣穴に運び込まれていた一個の小石などは、重さが二オンス（五七グラム）もあった。ミミズがいかに力持ちかわかるというものだ。しかし、よく踏み固められた砂利道に埋まっている石を動かす際には、それ以上の強さを見せる。ミミズが実際にそれを動かした証拠として、巣穴にふたをしている小石とちょうど同じサイズの小石を取り去った跡の穴を近くで見つけたことが何度かあるので、そう考えてよいだろう。

このような作業が行なわれるのは、通常は夜間である。しかし、日中に巣穴に物が引きずり込まれるのを見たこともある。巣穴の入口を葉などで覆ったり、小石を積み上げることで、どのような利益があるのかは謎である。巣穴から大量の土を排泄して

（1）ルーシー・キャロライン・ウェッジウッド（一八四六～一九一九）　ジョサイア・ウェッジウッド三世の娘のこと。ダーウィンは姪にあたるルーシーにミミズの観察を依頼していた。

いるときには、そのようなことはしない。糞そのものが、入口を覆うことになるからだ。庭師が芝生のミミズを殺そうとする場合には、まず、芝生の表面から土などの糞を掻きとるか払い取ることで、石灰水が巣穴に入るようにする必要がある。[*29] この事実からは、巣穴の入口を葉などでふたをするのは、激しい雨の際に雨水が巣穴に流れ込むのを防ぐためだと推測したくなるかもしれない。しかし、丸い数個の小石をゆるく積んだだけでは水の侵入を防げないという事実から、この意見は却下できそうである。私は、雨水が流れ込みにくそうな、砂利道とは垂直をなす芝生面に掘られたたくさんの巣穴でも、平らな地面に掘られた巣穴同様にふたをされているのをたくさん見ている。ホフマイスター[*30]によれば、ムカデはミミズにとっては恐ろしい敵だというではないか。巣穴の入口に積まれた小石は、ムカデから巣穴を隠す役に立つのだろうか。あるいは小石を積んだ巣穴にいるミミズは、入口近くに頭を置いた状態で安全が保たれている可能性はないだろうか。ただし、ミミズはそういう状態でいるのが好きなことはわかっているのだが、じつに多くのミミズがそれによって命を危険にさらしているということはないのか。あるいは、夜間の冷え込みで、周囲の地面や畑から冷たい空気が巣穴にそのまま流れ込むのを、そうしたふたが防いでくれるということはないのか。私としては後者の見解を信じている。第一の理由は、暖房をつけた室内に置いたポットで飼育していたミミズは、巣穴に冷たい空気が入りようのないこの条件下では、ぞんざいなしかたで巣穴のふたをしたことだ。第二の理由は、ミミズが巣穴の上部をしばしば葉で内張りするのは、どう見ても冷たく湿った土と体が接するのを防ぐためだからだ。しかし巣穴を塞ぐ行動は、前述のすべての目的にかなうものなのかもしれない。

その動機がどうあれ、ミミズは巣穴の入口を開けっ放しにしておくのが大嫌いなようだ。それでも夜になると入口を開ける。後でまた閉じられるかどうかは関係ない。この掘り返されたばかりの土地では、入口が開けっ放しの巣穴がたくさん見つかる。この場合、糞を巣穴の入口に積むかわりに、地中の空所か、古い巣穴に排泄しているからである。巣穴の入口を守れるものを地面から集めることができないということもある。アビンジャーのローマ時代の遺跡（後でも触れる）の中の発掘されたばかりの通路でも、ミミズは、昼のあいだに巣穴が踏みつけられて塞がれると、ほぼ毎晩のように巣穴の入口を開けた。そこは、入口を塞ぐためのわずかな小石すら見つけられそうにない場所だったにもかかわらずそうしていた。

巣穴の入口を塞ぐ方法に見られるミミズの知能

もし人間が小さな丸いたて穴を葉や葉柄、小枝などといったもので塞がねばならないとしたら、尖ったほうの端を引きずり込むか押し込むはずである。それがもし、穴の大きさに比べてきわめて細ければ、厚いか幅の広いほうを押し込むはずである。それは人間の知恵によるものだろう。したがって、ミミズがどのようにして葉を巣穴に引きずり込むか、先端からか、葉柄のほうからか、あるいは真ん中あたりからかを注意深く観察することには価値があるだろう。より望ましいのは、この国には自生していない植物で試してみることだろう。なぜなら、葉を巣穴に引きずり込む習性は間違いなくミミズの本能ではあるが、先祖が出くわしたことのない葉の場合、それをどう扱うべきか、本能は何も教えてくれないからである。さらには、ミミズは本能という不変の遺伝的な衝動のみに従って行動しているとしたら、どんな種類の葉であれ、同じやり方で巣穴に引きずり込むはずである。一方、ミミズにはそのような明確な本能がないとしたら、ミミズが葉の先端、基部、真ん中のどこをくわえるかは偶然まかせになるものと思われる。このどちらの可能性も排除されるとしたら、残された答は知能だけということになる。それでも、ミミズは毎回、まず最初にいろいろなやり方を試し、唯一実現可能な方法ないしいちばん楽な方法に従っているということもあるかもしれない。しかし、このやり方でいくつかの方法を試すのは知能に近い。

最初に、ほぼすべてイングランド産のさまざまな種類の萎れた葉二二七枚を、いくつかの場所にあったミミズの巣穴から引っ張り出した。そのうちの一八一枚は、葉の先端かその近くから巣穴に引きずり込まれていた。そしてそれらは、巣穴の口から葉柄がほぼ垂直に突き出ていた。二〇枚は柄のほうから引きずり込まれており、葉の先端が巣穴から突き出ていた。二六枚は葉の真ん中あたりがぐいと引っぱられていたせいで、かなりくしゃくしゃの状態で斜めに引きずり込まれていた。つまり八〇パーセント（以下、端数はすべて四捨五入）が先端から、九パーセントが基部か柄から、一一パーセントが斜めないし真ん中から引きずり込まれていたことになる。この事実からだけでも、巣穴への葉の引きずり込み方を決めているのは偶然ではないと、ほぼ結論できる。

二二七枚のうちの七〇枚は、そのあたりではありふれたシナノキの落ち葉だった。シナノキは、ほぼ間違いなくイングランド原産ではない。それらの葉は、先端はかなり細くすぼまっていて、基部は幅広で、葉柄が発達している。薄ぺらで、萎れた状態では柔軟である。七〇枚のうちの七九パーセントは、先端かその近くから、四パーセントは基部かその近くから、一七パーセントは斜めか真ん中から引きずり込まれていた。この割合は、葉の先端に関するかぎり、先の数値ときわめて近い。しかし、基部から引きずり込まれていた割合は小さい。これは、葉の基部の幅が広いせいかもしれない。ここでも、シナノキの葉を巣穴に引きずり込むやり方を決める上で、葉柄の存在はほとんど何の影響も与えていないことがわかる。葉柄はミミズがくわえるには格好の取っ手に見えるのだが、そうでもないということなのだろう。一七パーセントというかなりの割合が、横向き気味に引きずり込まれていたのは、明らかに、腐りかけの柔軟な葉だったせいだろう。これほど多くの葉が真ん中から引きずり込まれ、基部から引きずり込まれていた葉は少ないことからは、ミミズはまず最初にほぼすべての葉についてどちらか一方あるいは両方のやり方を試みてから七九パーセントは先端から引きずり込むことにしたという可能性を否定するものである。なぜなら、基部や真ん中から引きずり込もうとすれば引きずり込めたことは明らかだからである。

次に、葉の幅が、基部のすぼまり方と先端方向のすぼまり方がさほど変わらない外来植物の葉を探した。葉を真ん中で折ると先端側と基部側がぴたりと重なるキングサリ（*Cytisus alpinus* と *C. laburnum* の雑種）が、この条件に当てはまった。違いがあるとしても、基部側がやや細い程度である。なので、先端が引きずり込まれた数と基部が引きずり込まれた数が、ほぼ同じか、後者のほうがやや多くなることが予想された。しかし、巣穴から引っ張り出した七三枚の葉（最初の二二七枚には含まれていない）のうちの六三パーセントは、先端が引きずり込まれたものだった。残りの二七パーセントは基部からで、一〇パーセントは横向きだった。この例では、基部が引きずり込まれた葉は二七パーセントと、シナノキの場合よりもはるかに多い。基部の幅も広いシナノキの場合は、基部が引きずり込まれていた葉はわずか四パーセントだった。キングサリの葉で、基部から引きずり込まれていた割合が二七パーセントでとどまっているという事実は、ミミズは、通常は葉の先端を引きずり込む習性を獲得しており、葉柄は避けているということで説明できるかもしれない。多くの種類の葉の基部の縁は、葉柄に対して大きな角度をなしている。そのため、そのような葉の葉柄をくわえて引きずり込もうとすれば、基部の縁が、巣穴の入口で地面に引っかかってしまい、葉を引きずり込むのがひどく難しくなるからだ。

それでも、巣穴に引きずり込むには葉柄をくわえるのがいちばんやりやすいとなれば、葉柄は避けるという習性を忘れる。ツツジのさまざまな交雑品種の葉は、形状が変異に富む。基部に向かうほど細くなるものもあれば、先端側ほど細いものもある。落葉すると、乾燥するにつれて、葉の主脈の両側の葉身が巻き上がる場合が多い。葉の全体にわたって巻き上がることもあれば、基部だけ、先端側だけということもある。わが家の庭の泥炭層の上に落ちていた二八枚のうちの二三枚は、葉の先端側四分の一よりも基部側四分の一のほうが細かった。しかもそれは、主に葉の縁が巻き上がっているせいだった。異なるさまざまなツツジの変種が植えてある別の地面に落ちていた三六枚のうち、基部のほうが細かったのは一七枚しかなかった。このことに最初に気づいた息子のウィリアム[2]は、(自然のままの土壌にツツジが植えてある)自宅の庭から二三七枚の落ち葉を拾い集めた。そのうちの六五パーセントは、ミミズにとっては、葉の先端よりも基部か葉柄をくわえたほうが巣穴に引きずり込みやすいような葉だったという。これは、ある程度は葉の形状によるもので、葉の縁が巻き上がっていることによる度合いは少なかった。基部よりも先端をくわえたほうが引きずり込みやすそうな形状の葉は、二七パーセントだった。どちら側をくわえても、引きずり込みやすさが同程度なのは八パーセントだった。落ち葉の形状は、葉のどちらかの端から巣穴に引きずり込まれる前に評価する必要がある。引きずり込まれた後では、どちら側の端であれ、巣穴から突き出ている側のほうが、湿った地面の中に引きずり込まれた側よりも先に乾燥してしまうからである。そのため、突き出た側の葉の縁は、ミミズが最初にくわえたときよりも内側に巻き上がっていることが多い。ウィリアムは、ミミズが巣穴に浅く引きずり込んでいた葉を九一枚見つけた。そのうちの六六パーセントは、基部か葉柄側から引きずり込まれていた。先端から引きずり込まれていたのは三四パーセントだった。この場合は、外来植物の萎れた葉を巣穴に引きずり込むに際して、葉柄をくわえることは避けるという通常の習性を変えて、ミミズはかなり高い割合で正しい判断をしていたことになる。

わが家の庭の砂利道には、三種のマツ（オーストリアマツ、ヨーロッパクロマツ、ヨーロッパアカマツ）の葉が、ミミズの巣穴の口に、いつもたくさん引きずり込まれている。その葉は、二本の針葉が基部（短枝）で結合したもので、針葉の長さは、前者二

（2）ウィリアム・ダーウィン（一八三九～一九一四）ダーウィンの長男。銀行家となった。

種は長く、後者は短い。そして、巣穴に引きずり込まれているのは、ほぼ決まって短枝側である。野生のミミズでその例外を見かけたのは、わずか二例か、せいぜい三例といったところである。先端が鋭い二本の針葉は先端が少しだけ開いていて、同じ穴に何本もの束が刺さっていることから、束はそれぞれ完璧な防護杭を形成するかたちになっている。夜間に針葉の束の多くを引き抜くという実験を二回試みた。すると、翌朝には新鮮な葉が引きずり込まれ、巣穴は再び防護されていた。マツの葉は、基部の短枝側からでないと、巣穴の奥まで引きずり込むことができない。ミミズは二本の針葉の先をいっぺんにくわえることができないため、一本の先だけをくわえて引きずり込もうとすれば、くわえていないほうの先が地面に突き刺さり、くわえている葉を引き込むこともできなくなってしまうからだ。前述した二、三の例外ではそのことがはっきりしていた。したがって、ミミズにとって、目的をかなえるためには、二本の針葉が結束された短枝の側から巣穴に引きずり込むしかない。しかし、ミミズがどうやってこのやり方に導かれるのかは、悩ましい謎である。

そこで私は息子のフランシスと共に、飼育下のミミズが前記の種類のマツの葉を巣穴に引きずり込むのを、薄明かりにした状態で何日か観察することにした。ミミズは、体の先端部を葉のまわりで動かした。そして、針葉の先に触れた途端、まるで刺されたかのように体を引っ込めるということが何度もあった。しかし、ミミズがそれで傷ついたとは思えない。ミミズは、先の鋭いものでも平気で、バラの刺でもガラスの破片でも飲み込んでしまうからである。また、針葉の鋭い先端に触れることで、ここはくわえるべきほうの端ではないと知るとも思えない。その理由は、針葉の先端一インチほどを切り取った葉をたくさん用意したところ、五七本が、短枝側から巣穴に引きずり込まれ、先端を切り落とした側から引きずり込まれたものは一つもなかったからだ。飼育下のミミズは、針葉の真ん中あたりをくわえ、巣穴の口の方向に引っ張ることがよくあった。一匹などは、愚かにも針葉を曲げて巣穴に引きずり込もうとした。ミミズは、巣穴に入れられる以上の数の葉を、巣穴の上に集めたりする（前述したシナノキの葉の場合のように）。しかし、それとは大きく異なる行動をとることもあった。針葉の短枝に触れた途端、そこをくわえ、葉を速やかに巣穴に引きずり込んだのだ。その場合のくわえ方としては、完全に口に含んだ場合もあったし、基部にごく近いあたりをくわえたこともあった。それは、私の目にも息子の目にも、葉を正しいやり方でくわえた途端に、ミミズはそれとわかったかのように見えた。そのような例を九回観察したが、そのうちの一回は、葉を巣穴に引きずり込むことに失敗した。それは、くわえた葉が近くにあった葉とからまってしまったからである。それとは別にこういうこともあった。どうしてそうなったのかは見ていなかったのだが、針葉の先の一部が巣穴に刺さったかたちで葉が直立していた。するとミミズは、体をまっすぐに立て、短枝の部分をくわえ、針葉全体をたわめて巣穴の入口に引っ張り込んだのだ。一方、短枝をくわえた後で、よくわからない動機から、それを放棄したことも二回あった。

前述したように、ミミズが巣穴の口をさまざまなもので塞ぐ習性は、間違いなく本能である。飼育ポットの一つで生まれた一匹の若いミミズは、ヨーロッパアカマツの針葉を、少しの距離ではあるが引きずった。それは、長さも太さも、そのミミズの体と同じくらいの針葉だった。イングランドのこの地方に、原産種のマツはない。したがって、マツの針葉を適切なやり方で巣穴に引きずり込む行動を、ミミズが本能的にできるというのは、信じがたいことだ。ただ、前記の観察をしたミミズたちは、四〇年ほど前からそこに生えていたマツの根本かその周辺で捕まえてきたものだった。したがって、その行動が本能ではないことを証明したかった。そこで、どのマツの木からも遠く離れた地面にマツの葉をばらまいてみた。すると、九〇本の葉が、その短枝側からミミズの巣穴に引きずり込まれた。針葉の先端側から引きずり込まれていたのは二本だけだったが、それにしても例外とは言えないものだった。一本は、ごく近くの巣穴に引きずり込まれていたものだし、もう一本は、二本の針葉がくっついていたからだ。暖かい部屋に置いたポットで飼育しているミミズにも、マツの針葉を与えてみたところ、結果に違いが出た。巣穴に引きずり込まれた四二本のうち、一六本もの葉が先端側から引きずり込まれたのだ。しかしこのミミズたちの仕事ぶりは、ずさんで大雑把なものだった。多くは、巣穴の浅いところまでしか引きずり込まれていなかったし、巣穴の口の上に積まれただけだったり、まったく引きずり込まれていなかったときもあったからだ。この大雑把さは、気温の高さで説明できるかもしれない。そのため、ミミズは巣穴の口をきちんと塞ぐ必要がなかったことになる。ミミズを飼っているポットに、空気が自由に出入りする網でふたをし、幾晩か野外に置いておいたところ、今度は七二枚の葉が、すべて短枝の側から正しく引きずり込まれていた。ここまでの事実から言えそうなことは、ミミズは、どういうふうにしてかはわからないが、針葉の形状や構造のおおよその概念を把握し、二本の針葉が短枝でくっついているときには、短枝の側をくわえる必要があることを認識しているらしいということである。しかし次のような例では、この推論も怪しくなる。ヨーロッパクロマツ（*P. austriaca*）の針葉の先端を、アルコールに溶かしたワニスで接着したものをたくさん用意した。それを、余計な臭いや味が完全に消えたと信じられるまで何日かおいた後、マツが生えていない地面のミミズの巣穴近くにばらまいてみた。その際、ミミズの穴からは、入口を覆っている葉をあらかじめ取り除いておいた。処理を施した針葉は、どちら側をくわえても、巣穴に引きずり込むのは同じくらい容易そうだった。どちらの側もよく似ていること、そしてとくにクレマチス・モンタナ（*Clematis montana*）の葉柄を与えた場合の結果から、先端のほうが好まれることを予想していた。しかし実験の結果は、巣穴に引きずり込まれた、先端を貼り合わせた針葉一二一本のうちの一〇八本は短枝側からで、先端側からはわずか一三本にすぎなかった。接着した葉は幾晩も放置しておいたのでその可能性は低かったが、ミミズがワニスの臭いや味を感知して嫌った可能性も考慮し、今度は針葉の先を細い糸でしばってみた。しばった一五〇本の葉が巣穴に引きずり込まれたのだが、そのうちの一二三本は短枝側から、二七本が先端側からだった。つまり、短枝側からのほうが先端側からより四、五倍も多かったのだ。接着した針葉よりも、先端側から引きずり込まれた割合が多かったのは、しばった糸の短く切った端にミミズが引かれたせいである可能性も考えられた。そこで、糸でしばった上で接着した葉二七一本で試したところ、八五パーセントは短枝側からで、先端側からは一五パーセントだった。こうした結果が意味するのは、野生のミミズがマツの葉を巣穴に引きずり込む際、ほぼ決まって短枝側からなのは、針葉の先端が二本に分かれているせいではないということだろう。さらには、針葉の先端が鋭く尖っているせいでもない。なぜならすでに見たように、先端を切り落とした葉もたくさん短枝側から巣穴に引きずり込まれたからだ。そういうわけで、マツ以外のふつうの葉が葉柄側から引きずり込まれることはごく稀なのだから、マツの葉では、短枝側にミミズを引きつける何かがあるにちがいないという結論になる。

葉柄

複葉から小葉が落ちた後の葉柄に目を向けることにしよう。ベランダに蔓を伸ばしているクレマチス・モンタナの葉柄が、一月の初め頃、付近の砂利道、芝生、花壇にあった巣穴にたくさん引きずり込まれていた。葉柄の長さは二・五〜四・五インチほどで、全体は硬くてほぼ同じ太さなのだが、基部だけはほぼ二倍の太さになっている。

先端はいくらか尖っているのだが、すぐに枯れてしまい、そうなるとたやすく折れてしまう。前記の場所の巣穴から、三一四本の葉柄を集めた。そのうちの七六パーセントは先端側から引きずり込まれており、基部側からは二四パーセントだった。つまり、先端側から引きずり込まれていた葉柄は、基部側からのおよそ三倍強だったことになる。よく踏み固められた砂利道の巣穴から集めた葉柄の一部は、他のものと別にしておいた。その五九本の葉柄では、先端側から引きずり込まれていたものが、基部側からのものよりも五倍近く多かった。それに対して芝生や花壇は、土が崩れやすい場所で、巣穴の口を塞ぐことにあまり苦労しないということもあってか、先端側から引きずり込まれていた葉柄の数（一三〇本）は、基部側から引きずり込まれていた葉柄の数（四八本）の三倍をやや下まわった。巣穴に引きずり込まれていた葉柄は入口を塞ぐためであって食用ではないことは、見た限り、どちらの側もかじられていなかったことから一目瞭然だった。一つの巣穴のふたに、一〇本とか一五本とか、何本もの葉柄が使われている。そのことから、もしかしたら労力を節約するために、最初の数本は太い基部の側から引きずり込んでいるのかもしれない。そうしておいてから、残りの大多数は、巣穴の入口をしっかり塞ぐために、先端側から引きずり込んでいるのかもしれない。

在来種であるセイヨウトネリコの葉柄を次の観察対象にしたのだが、尖ったほうの端の側から巣穴に引きずり込むという、大多数の対象に当てはまる規則からはずれていた。この事実を知ったとき、私はとても驚いた。トネリコの葉柄の長さは、五～八・五インチとばらつきがある。基部の側ほど太くて肉厚で、先端に向かうにしたがって少しずつ細くなっている。先端は少し膨らんでいて、頂小葉がついていたところで切れたようになっている。一月初旬、草地に生えている何本かのトネリコの下にあったミミズの巣穴から、二二九本の葉柄を集めた。そのうちの五一・五パーセントは基部の側から、残りの四八・五パーセントは先端の側から引きずり込まれていた。しかしこの異例な数値は、太い基部の部分を調べるとすぐに説明がついた。一〇三本の葉柄のうちの七八本で、基部の馬蹄形をした節のすぐ上の部分がミミズにかじられていたのである。たいていの場合、かじられたことは見誤りようがない。かじられていない葉柄は、八週間にわたって野外にさらしておいても、基部の部分だけがことさら腐っていたりばらけていたりということにはならないからだ。したがって、トネリコの葉柄の肉厚の基部が巣穴に引きずり込まれるのは、入口を塞ぐためだけでなく、明らかに食べるためでもある。断ち切られたような細い先端までかじられていた葉柄が何本かあった。それを調べるために集めた三七本のうちの六本がそうだった。ミミズは、引きずり込んだ葉柄の基部をかじった後、巣穴から葉柄を押し出すということをよくする。そしてまた、新しい葉柄を引きずり込む。その場合、食べるにあたっては基部の側から、巣穴の口をきっちり塞ぐためには先端側から引きずり込む。先端側から引きずり込まれていた三七本の葉柄のうちの五本は、基部がかじられていたことから、それ以前に基部の側から引きずり込まれていたものであることがわかった。改めて私は、入口が塞がれている巣穴付近の地面に落ちていた葉柄を集めてみた。そのあたりには、ミミズがくわえたことのなさそうな葉柄が厚く積もっていた。集めた四七本のうちの一四本（すなわちおよそ三分の一）は、基部をかじられた後で巣穴から押し出されて地面に落ちていたものだった。以上の事実から、ミミズがトネリコの葉柄を引きずり込む場合、食べるためには基部の側から、入口をきっちりと塞ぐためには先端側からであると結論してよいだろう。

ニセアカシア（*Robinia pseudo-acacia*）の葉柄の長さは、四〜五インチのものから一二インチのものまである。柔らかい組織が腐って落ちる前は、基部が太く、先端にいくほど細くなっている。しなやかなので、二つに折り曲げられてミミズの巣穴に引きずり込まれているのを見たこともある。巣穴に引きずり込んだ葉柄の基部をミミズが食べていたかどうかは確言できない。二月までには、柔らかい組織は完全に腐ってしまうのだが、残念ながら、それ以前に葉柄を調べることはなかったからだ。しかし、食べている可能性はある。二月初旬に巣穴から集めた一二一本の葉柄のうち、基部側から引きずり込まれていたのは六八本、先端側からは五三本だった。二月五日、一本のニセアカシアの木の下にある巣穴から、引きずり込まれていたすべての葉柄を引き抜いた。その一一日後には、三五本の葉柄が引きずり込まれていた。その内訳は、基部側からが一九本、先端側からは一六本だった。この二例を合わせると、基部側が五六パーセント、先端側が四四パーセントになる。その時点で柔らかい組織はとうの昔に腐り落ちていたわけなので、特に後者の例では、食べるために引きずり込まれていた葉柄がないことは確かと思われる。したがってこの季節、ミミズは、どちらの側ともほぼ区別することなく、葉柄を巣穴に引きずり込んでいる。基部の側からが若干好まれているのは、ニセアカシアの葉柄の先端のようにきわめて細いものでは、巣穴をきっちりと塞ぐのが難しいせいかもしれない。その裏づけと言ってよい事実がある。

先端側から引きずり込まれていた一六本の葉柄のうちの七本は、細くなっていたはずの先端部が、何かのせいで前もって折れていたのだ。

三角形の紙

そこそこ硬い原稿用紙を細長い三角形に切り、夜間に雨や露にさらされてもグニャグニャにならないように、両面に生肉の脂肪を塗っておいた。サイズは、二辺は三インチで統一し、底辺は、一二〇枚は一インチ、一八三枚は〇・五インチにした。後者の三角形はとても細く尖ったものとなった。[*31] そしてこれから述べる観察と比較検討するために、同じ形の紙を湿らせた上で、いろいろな部分を、縁に対してあらゆる角度を試しながら細いピンセットでつまみ、ミミズの巣穴と同じ直径の細い管に引っ張り込んでみた。先端をつかんだときは、縁がたたみ込まれる状態で、紙は管にまっすぐに引きずり込まれた。先端の少し内側、たとえば〇・五インチのところをつまんだときは、そのあたりが管の中で折れて重なった。三角形の底辺や底角をつまんだときも同じことが起こった。ただしこの場合は、予想に難くないが、紙を引きずり込むのに余分な力を必要とした。三角形の真ん中近くをつまむと、紙は二つ折りになり、頂点と底辺が管の外に突き出た状態になった。三角形の二辺の長さは三インチなので、この紙を巣穴に模した管にいろいろなしかたで引っ張り込んだ結果は、便宜的に次の三グループに分けてよいだろう。頂点かそこから一インチ以内の部分をつまんだ場合。真ん中のどこかをつまんだ場合。底辺かそこから一インチ以内の部分をつまんだ場合。以上三つのグループである。

ミミズは三角形の紙をどのようにくわえるかを調べるために、飼育しているミミズに湿らせた紙を与えてみた。細く尖った三角形の場合も、幅広の三角形の場合も、ミミズは三通りのしかたでくわえた。すなわち、縁をくわえる、三つの角のうちの一つをくわえる――このやり方だと角は口の中にすっぽりと飲み込まれる場合が多かった――、平らな面のどこかを吸い込むの三通りである。両辺の長さが三インチの三角形の底辺に平行な線を一インチ間隔で引くと、三角形は等しい幅で三分割されることになる。そこで、ミミズがどこをくわえるかはまったくの偶然だとしたら、底辺の部分かその区域を、他の二つの区域のどちらよりも頻繁にくわえるはずである。底辺側の区域の面積は、頂点側の区域の五倍であるため、その区域を吸い込んで巣穴に引きずり込む確率は、頂点側をくわえて引きずり込む頻度の五倍になるはずだからだ。底角は二つであるのに対し、頂角は一つしかない。なので、角の角度は関係ないとしたら、底角がくわえられる確率は頂角がくわえられる確率の二倍になる。しかし、はっきり言って、頂角がくわえられるのはそれほど頻繁なことではなく、頂点から少し離れた縁のほうが好まれる。そう判断するに至ったのは、頂点側から巣穴に引きずり込まれた四六例のうちの四〇例において、巣穴の中で先端部が〇・〇五～一インチほど後方に折りたたまれていたからである。最後に、底辺側の区域の縁と頂点側の区域の縁の長さの比は、幅広の三角形では三対二、細長い三角形では二・五対二である。こうしたことを考え合わせると、ミミズのくわえ方は偶然まかせだとすれば、頂点側からよりも底辺側から引きずり込まれる割合のほうが大きいはずだと、予測してよいだろう。ところがこれから見るように、結果はそうではなかった。

このサイズの三角形の紙を、多くの場所で、ミミズの巣穴の入口を塞いでいた葉、葉柄、小枝などを取り払った上で、幾晩にもわたって巣穴の近辺にまいておいた。すると全部で三〇三枚の紙片が巣穴に引きずり込まれた。じつはそれ以外に、両端を引きずり込まれていた紙片が一二枚あったのだが、ミミズが最初にくわえたのはどちらの端か判断しかねたので、集計からは除外することにした。三〇三枚のうちの六二パーセントは、頂点側（頂点から一インチ以内の部分をこう呼ぶことにする）から引きずり込まれていた。一五パーセントは中央部から、二三パーセントは底辺側からだった。どの部分から引きずり込まれるかに違いがなかったとしたら、頂点側から、中央部から、底辺側からの割合はそれぞれ三三・三パーセントになっていたはずである。しかしすでに述べたように、ミミズのくわえ方が偶然まかせだとしたら、底辺側から引きずり込まれる割合のほうが他の二つよりもはるかに大きいことが予測される。ところが実際には、頂点側から引きずり込まれていた割合のほうが底辺側からの三倍近くも多かった。幅広の三角形だけを見ると、頂点側からが五九パーセント、中央部からが二五パーセント、底辺側からが一六パーセントなのだ。細長い三角形では、頂点側からが六五パーセントで、中央部からが一四パーセント、底辺側からが二一パーセントだった。つまり、頂点側からのほうが底辺側からの三倍以上も多かったことになる。以上の結果から、三角形の紙片の巣穴への引きずり込み方は、偶然まかせではないと結論してよいだろう。

同じ巣穴に二枚の紙片が引きずり込まれていた例が八例あった。そのうちの七例では、一つは頂点側から、残りの六例は底辺側からだった。この例も、結果は偶然まかせではないことを示唆している。ミミズは、紙片を引きずり込みながら紙を巻きつけるように体を回転させることもあるようだ。全体のなかの五例で、巣穴の中で紙片が尖塔状に巻かれていたからである。暖かい室内で飼育していたミミズでは、全部で六三枚の紙片が巣穴に引きずり込まれていた。しかし、マツの葉の場合と同じように、引きずり込む方向はかなり無頓着だった。頂点側からは四四パーセントだけで、中央部からは二二パーセント、底辺側からは三三パーセントだったのだ。五例では、一つの巣穴に二枚の紙片が引きずり込まれていた。

三角形の頂点側から引きずり込まれている例がこれほど多いということは、そこがいちばんくわえやすいからそうしているというよりは、別のくわえ方を試して失敗したからである可能性が高いと言えるかもしれない。そう考える理由は、飼育下のミミズが紙片を引きずり回したあげくに取り落としてしまったときの引きずり方は無頓着なやり方だったからである。最初、私はこの問題の重要性をわかっていなかった。頂点側から引きずり込まれた紙片の底辺側はたいていきれいでしわくちゃではないことに気づいていただけだった。その後、この問題が気になり、実験をした。

まず、底角側ないし底辺、あるいは底辺から少し上の部分から引きずり込まれ、かなりしわくちゃで汚れている紙片何枚かを何時間か水に浸けてから水中でよく振ってみた。しかし、それでは汚れもしわもとれなかった。濡れた紙片を指にはさんで何度か引っ張ってみても、しわがわずかにとれた程度だった。ミミズの体から出た粘液のせいで、汚れは簡単には洗い落とせなかった。そう考えると、頂点側から引きずり込む前に、少しでも力を込めて底辺側から巣穴に引きずり込まれていたとしたら、紙片の底辺側はしわくちゃで汚れが残ったままになるはずだと結論できそうだった。そこで、頂点側から引きずり込まれていた八九枚の紙片を調べてみた（そのうちの六五枚は細長い三角形で、二四枚は幅広の三角形だった）。そのうち、底辺側がしわくちゃで、しかも概ね汚れていた紙片は七枚だけだった。残りの八二枚にはしわがなく、底辺側が汚れていたのはそのうちの一四枚だった。しかしこの事実から、最初それらは底辺側から引きずり込まれようとしたものだという結論にはならない。ミミズは、紙片の広い部分を粘液で濡らすことがあるからだ。そういう紙片の頂点をくわえて地面を引きずれば、汚れることになる。雨の日には、紙片の片面ないし両面が汚れている場合も多い。

底辺側からも、頂点側からも、引きずり込もうとする頻度は同じだとして、底辺側をくわえたミミズが、巣穴に引きずり込むには至らないまま、底辺側をくわえるのは得策ではないと気づいてやり直すことにしたとしたらどうだろう。その場合でも、底辺側が汚れている紙片の割合は多くなるはずである。そういうわけで、三角形の紙片を巣穴に引きずり込むにあたっては、どちらの端をくわえるのがベストかを、ミミズは何らかの手段で判断できるという推察も成り立つ（ありえない推論ではあるが）。ミミズがさまざまな物を巣穴に引きずり込むそのやり方について、観察された割合を表にまとめてみた［表1］。

こうした状況を考え合わせると、巣穴の口を塞ぐにあたり、ミミズはいくらかの知能を示していると結論せざるをえない。個々の素材のくわえ方は一般的に理にかなっており、その結果を偶然まかせとするには一様すぎるのだ。すべての素材が先端側から引きずり込まれているわけではないことは、幅広の側や太い側からも何本か引きずり込むことで労力を節約していると説明できるかもしれない。

ミミズが巣穴の口を塞ぐのは、まちがいなく本能である。個々の状況で最善のやり方をするのも、知能とは関係なく、本能が命じているのだという考え方もあるかもしれない。知能が関与しているかどうかの判断が難しいことは周知のとおりである。植

［表1］

引きずり込んだ素材	先端ないし先端近くから引きずり込んだ割合（%）	中央部ないしその近くから引きずり込んだ割合（%）	基部ないしその近くから引きずり込んだ割合（%）
さまざまな種類の葉	80	11	9
シナノキ—基部は幅広で先端は尖る	79	17	4
キングサリー基部のほうが先端よりわずかに細いか同じくらい	63	10	27
ツツジ—基部のほうが先端部よりも細いものが多い	34	—	66
マツ—基部から伸びる二本の針葉	—	—	100
クレマチスの葉柄—先端はやや尖り、基部は太い	76	—	24
トネリコの葉柄—基部の太い端が食物として引きずり込まれる	48.5	—	51.5
ニセアカシアの葉柄—きわめて細い上に先端に向かうほど細くなるため、巣穴を塞ぐのには向いていない	44	—	56
二種類の大きさの三角形の紙片	62	15	23
幅広の三角形の紙片	59	25	16
細長い三角形の紙片	65	14	21

物でさえ、知能の関与を疑いたくなることがあるからだ。たとえば、位置を変えられた植物は、きわめて複雑な動きをしつつも最短コースで葉の表面を光の方向に向ける。動物の場合も、知能に導かれたように見える行動も、知能は関与しない（もともとそのために獲得されていた）遺伝的な習性によるものである可能性がある。あるいはその習性は、他の何らかの習性の有益な変異が保存されて遺伝したことで獲得されたものかもしれない。その場合の新しい習性の獲得には、習性が発達する全過程を通じて知能は関与しないことになる。ミミズが特殊な本能を獲得したのは、前述の二つの方法のいずれかだったということを頭から否定することはできない。とはいえ、ここで述べてきたような行動をするミミズが、祖先の代では出合ったことのない外国産植物の葉や葉柄のような素材に関する本能をあらかじめ発達させていたはずだなどということはありえない。しかも、ミミズが見せる行動は、本当の本能的な行動の大半とは違い、不変でも必然でもない。

ミミズは、巣穴の口を塞ぐという一般的な本能は有しているにしても、個々の状況ごとに特別な本能に導かれているわけではない。しかも偶然まかせというわけでもない。そうなると、素材を引きずり込むにあたっていろいろな方法を試みたあげく、どれかの方法で成功していると結論するのが、最も妥当なところだろう。しかし、そのような能力を欠いている高等動物も多いというのに、ミミズのような下等な動物がそのように行動する本能をそなえているというのは驚きである。

たとえばアリは、縦方向に引っ張ったほうが楽なのに、横方向に引っ張ろうとして無駄な労力を費やしていたりする。しかしたいていは、少したつと、もっと賢明な行動をする。ファーブル[3]によれば、[*32] アリと同じ高等な目《もく》に属すラングドックアナバチ（*Sphex*）は麻痺させたキリギリスモドキを巣穴に貯えるとき、決まって触角をくわえて引っ張るという。キリギリスモドキの触角を頭に近い部分で切断すると、アナバチは口肢をくわえる。ところがその口肢も切り落とすと、獲物を巣穴に引きずり込む試みを放り出してしまう。アナバチは、キリギリスモドキの六本ある脚のうちの一本や産卵管を代わりにくわえるほどの知能は持ち合わせていないのだ。ファーブルによれ

（3）ジャン・アンリ・ファーブル（一八二三～一九一五）一八七九年に出版された『昆虫記』を寄贈されたのを機に、一八八〇年一月から一年間に往復書簡を四回交わした記録がある。ダーウィンは昆虫の本能的行動に関する実験を提案したのに対し、ファーブルはダーウィンの進化理論に異を唱え続けた。

ば、脚や産卵管でも触角や口肢をくわえた場合と遜色ないというのにである。あるいは、麻痺させて巣穴に引きずり込んで卵を産み付けた獲物を巣穴の中から取り除いても、アナバチは、巣穴に入って巣が空になっているのを目にしたにもかかわらず、いつものように入念に巣穴の口を閉じる。ミツバチは、半分開いている窓の外に出ようとして、閉まっているほうの窓に何時間もぶつかり続けることがある。キタカワカマスも、水槽の向こう側にいる小魚を捕まえようと、三カ月にもわたってむなしくガラスに突進し、自らを傷つけたという。[*33]

レヤード氏[(4)]が観察したコブラは、カワカマスやアナバチよりはずいぶん賢い行動をした[*34]。穴の中にいたヒキガエルを飲み込んでしまったため、穴から頭を引っ張り出せなくなった。そこでコブラはヒキガエルを吐き出したのだが、ヒキガエルが逃げようとしたため再び飲み込み、その後また吐き出した。するとコブラは経験によって学んだようだ。ヒキガエルの脚をくわえて穴から引きずり出したのだ。さらに高等な動物の本能でさえ、意味のない無目的な行動に走ることが多い。ハタオリドリは、あたかも巣を編むかのように、鳥かごの桟に根気よく糸を巻き付ける。リスは、まるで木の実を埋めたばかりの地面をたたくかのように、木の床の上に置いた木の実を軽くたたく。ビーバーは、ダムに貯める水もないのに、切断した木の枝を持ち歩く。こうした例はまだまだある。

とくに動物の心を専門に研究してきたロマネス氏は[5]、知能があると確言できるのは、その動物が自身の経験によって利益を得ていることがわかる場合のみであると考えている。この検証法に照らせば、件のコブラは知能の存在を示した。しかし、二回目の段階でコブラがヒキガエルの脚をくわえて穴から引っ張り出していれば、そのことはもっと明白になっていただろう。アナバチはその点で落第だった。そこでミミズだが、最初と次で素材の引きずり方を変え、最終的に巣穴にみごと引きずり込めるとしたら、少なくとも個別の事例においては経験によって利益を得ていることになる。

（4）チャールズ・ピーター・レヤード（一八〇六〜九三）セイロン（スリランカ）の植民省の役人ほかを務めた。ダーウィンとの文通記録はない。

（5）ジョージ・ジョン・ロマネス（一八四八〜九四）フリーの生理学者、動物心理学者。ダーウィンが信頼する最も若き友人で、深い交流があった。しかしダーウィン死後四年目の一八八六年、自然淘汰では種の起源は説明できないとして、それに代わる生理淘汰説を提唱した。「ネオダーウィニズム」という名称の提唱者でもある。

しかし、ミミズはいつもさまざまなやり方でものを巣穴に引きずり込もうとするわけではないことを示す証拠が集まっている。たとえば、シナノキの腐りかけの葉は、しなしななので、中央部や基部の側から引きずり込み可能なため、かなりの数の葉がそうやって引きずり込まれていた。しかしそれでも、先端側から引きずり込まれていた葉が大半である。クレマチスの葉柄は、基部側からでも先端側からでも、まちがいなく引きずり込みやすさに違いはない。なのに、先端側から引きずり込まれていたことのほうが、三倍、ことによったら五倍も多い。葉柄は、ミミズがくわえるには格好の取っ手となりそうなものなのに、葉の基部が先端部よりも細い場合を除いて、葉柄が取っ手として利用されることは少ない。トネリコの葉柄が基部の側からたくさん引きずり込まれているのは、その部分をミミズが食べるからである。マツの葉では、ミミズは偶然まかせで葉をくわえているわけではないことがはっきりしている。ただしそれは、二本の針葉の先が広がっているせいでも、基部の側から引きずり込んだ場合の都合のよさのせいでもないし、それしかできないからというわけでもない。三角形の紙片に関しては、頂点側から引きずり込まれていた紙片の底辺側がしわくちゃだったり汚れていることはめったになかった。これはつまり、ミミズは最初から頂点側をくわえたケースのほうが多かったことを意味している。

ミミズは、素材をくわえて引きずる前か、巣穴の入口近くまで引きずってきた後で、巣穴に引きずり込むベストの方法を判断できるのだとしたら、素材の全体の形状をある程度認識していなければならないことになる。触覚器官としてはたらく体の先端部で素材のあちこちを探ればそれは可能だろう。生まれつき目も見えず耳も聞こえない人の触覚がいかに研ぎ澄まされているかを思い出そう。素材の形状や巣穴の構造に関して大雑把ながらでもある程度の認識を得る能力がミミズにあるとしたら（実際にあるように見える）、それは知能と呼ぶに値する。この場合、ミミズも、似たような状況に置かれた人間とほぼ同じやり方で行動しているからだ。

ここまでのことをまとめてみよう。ミミズが素材を巣穴に引きずり込む方法は、偶然まかせではない上に、個別の状況に特殊化した本能が存在することなど認めるわけにはいかないということから最初に浮かぶ最も自然な仮説は、ミミズは最終的に成功するまであらゆる方法を試すというものだろう。しかし、そんな仮説に反する事象が多数見受けられる。それに代わる仮説は一つしかない。ミミズは、なるほど下等な動物ではあるが、ある程度の知能をそなえているという仮説である。そんなはずはないと、誰もが思うことだろう。しかし、そのような結論を当然のごとく疑うことを正当化できるほどのことが、下等動物の神経系についてわかっているのかといえば、それは怪しい。脳神経節が小さいことに関しては、働きアリのちっぽけな脳に、一つの目的をかなえられる能力をそなえた遺伝的な知識がいかに多く詰まっているかを思い出すべきだろう。

ミミズが穴を掘る方法

これには二つの方法がある。土を押しのけて掘り進む方法と、土を飲み込みながら掘り進む方法である。第一の方法では、細く伸ばした体の先端部を小さな隙間や穴に突っ込んでいく。そしてペリエ[*35]が注目しているように、そこに咽頭を押し出す。その結果として、土を四方に押しのけるのだ。つまり体の先端部はくさびのような役を果たすことになる。しかもその部分は、すでに見たように、くわえたり吸い込んだりすることにも使われるし、触覚器官としても機能している。柔らかい腐植土の上に一匹のミミズを置いたところ、二、三分で土に潜った。ポットの中で、まあまあ押しつけた土の上に四匹のミミズを放したときは、一五分でポットの内面と土との隙間に姿を消した。柔らかい腐植土に細かい砂を混ぜて固く押しつけた土の上に大きなミミズ三匹と小さなミミズ一匹を放したときは、三五分で、一匹のしっぽを除き土の中に姿を消した。砂を混ぜた粘土を固く押しつけた土の上に六匹の大きなミミズを放したときは、二匹のしっぽの先端を除き、四〇分で姿を消した。いずれの例でも、目視できたかぎりでは、ミミズが土を飲み込むことはなかった。たいていは、ポットの内面に近い土の中に潜り込んだ。

次いで、ポットに砂鉄を詰めて押し固め、たっぷりの水を含ませることできわめて締まった状態にした。そこに大きなミミズを一匹放したのだが、何時間も砂に潜ることができなかった。最終的に完全に潜れたのは二五時間四〇分後のことだった。ミミズは砂を飲み込むことでこれを成し遂げた。それは、体全体が砂に潜るまでに、大量の糞を肛門から延々と排泄しつづけたことで明らかである。続く一日中、似た状態の糞塊が巣穴から排泄され続けた。

トンネルを掘るだけのためにミミズが土を飲むことはあるのかと疑問を呈する向きもあるので、他の例を追加することもできる。地面の上に、厚さ二三インチほどの細かい赤い砂の塊が二年ほど放置されていた。その砂のあちこちに、ミミズが潜り込んでいた。そこで見つかるミミズの糞塊には、赤い砂と黒い土が混じっていた。黒い土は、赤砂の塊の下からもたらされたものだった。赤砂は、かなり深いところから掘り出されたもので、雑草も生えないほどやせたものだった。したがって、ミミズがそれを食べ物として飲み込んだということは、まずありえない。私の家の近くの草地でも、ほとんどチョークだけからなる糞塊がよく見つかる。チョーク層は、地表のすぐ下にある。この場合も、地表を覆う貧弱な草地から浸透した可能性のあるごく少量の有機物を目当てに飲み込んだとは、とても思えない。とどめは、ビューリー修道院[6]の、かつてはタイルできれいに舗装されていたものの、今は荒れ果てた側廊で見つかる糞塊である。タイルの隙間のコンクリートと崩れたモルタルの隙間から排泄された糞塊を洗ったところ、粗い粒子しか出てこなかったのだ。それらは、石英や雲母といった岩石の粒、レンガないしタイルの細かい粒で、その多くの直径は二〇分の一〜一〇分の一インチだった。それらが食物として飲み込まれたものだと考える人はいないだろう。ただしそれらは、糞の半分以上を占めていた。糞の重量三三グレイン［二・一グラム］に対し、一九グレイン［一・二グラム］もあったのだ。掘り返されたことのない固い地面に深い穴を掘ろうとすれば、ミミズは土を飲み込むことでトンネルを掘るしかないはずである。体内から咽頭を押し出した圧力で土を掘り進められるとは思えないからだ。

ミミズは、トンネルを掘るためよりも、土に含まれる養分を得るためにたくさんの土を飲み込んでいることは、まず確かだと思う。しかしこの通念に関しては、クラパレードのような権威が大きな疑念を抱いているので、肯定的な詳しい証拠をあげておくべきだろう。この通念を頭から否定する理由はない。ミミズと同じ環形動物には、潮が引いた砂浜でそのような糞を大量に排泄することで糧を得ていると考えられるタマシキゴカイ類（*Arenicola marina*）などがいるし、穴は掘らない動物綱に属す動物でも、大量の砂を常習的に飲み込んでいる、軟体動物腹足綱のドロアワモチや多くの棘皮動物などがいるからだ。[*36]

ミミズが土を飲み込むのはトンネルを掘り進めるか新しい穴を掘るときだけだとしたら、糞塊が排泄されるのはときどきだけのはずである。ところが、新しい糞が多く

（6）ハンプシャーにあるシトー修道会修道院の遺跡。一三世紀に建設されたが一五三八年に破壊された。

の場所で毎朝のように見つかる。同じ一つの穴から毎日続けて排泄されている土の量は相当なものだ。それに、ミミズが深いトンネルを掘るのは、きわめて乾燥したときか寒さが厳しいときだけである。わが家の芝生の黒い腐植土の厚さは、五インチ程度にすぎず、その下は黄色か赤い粘土質の土である。最大量の糞塊が排泄されるときでさえ、黄色っぽい土はごくわずかである。薄く表層を覆う黒土の中で毎日縦横に新しいトンネルを掘り進めている目的が、飲み込んだ土からなにがしかの養分を摂るためではないとは考えがたい。私は、家に近い、表層のすぐ下は赤い粘土層になっている草地で、それとよく似た例を観察している。ウィンチェスター近郊のダウンズ（丘陵地帯）の一部でも、チョーク層の上を覆う腐植土の厚さはわずか三〜四インチ程度だったのに、そこで見つかる糞の多くはインクのように黒く、酸に浸けても泡立たなかった。したがってミミズは、表層を覆う薄い腐植土内にとどまり、毎日大量の土を飲み込んでいるにちがいない。そこから遠くない別の場所では、糞の色は白かった。このように、場所によって、ミミズがチョーク層にまで潜ったり潜らなかったりするのはなぜなのか、私には想像もつかない。

私の土地に、腐らせるために落ち葉を積み上げておいた大きな山が二つあった。それを取り除いた後、直径数ヤードの裸地の表面は、何カ月かのあいだに、ミミズの糞の厚い層でほとんど覆いつくされた。堆肥の山の下に生息していたたくさんのミミズは、その間、黒土に含まれていた養分で生きていたにちがいない。

腐った落ち葉と土が混ざった別の山の最下層を、高倍率の顕微鏡で調べてみた。するとそこには、さまざまな形と大きさの胞子が驚くほど大量に見つかった。それらの胞子はミミズの砂囊で砕かれ、ミミズを養う上で大いに助けとなりうる。大量の糞が地表に排泄される場合は、巣穴に引きずり込まれる葉はほとんどない。たとえば二〇ヤード［一八三メートル］ほどにわたって続く生け垣沿いの芝生を、秋に何週間も毎日観察したところ、毎朝、新鮮な糞がたくさん見つかった。しかし、巣穴に引きずり込まれていた葉は一つもなかった。それらの糞塊は、色が黒くて下層土の特徴があることから見て、地下六〜八インチよりも深いところからもたらされたものではありえない。ミミズはその間ずっと、その黒土に含まれている養分を食べることで生きていたのだ。そうとしか考えられない。一方、大量の葉が巣穴に引きずり込まれている場合は常に、ミミズは主としてそれらの葉を食べているようだ。そういう場合、土を含む糞塊が地表に排泄されることはまずないからだ。ミミズの行動がこのように時と場合によって異なることで、粉砕された葉と土は、必ず腸の別々の部位で見つかるというクラパレードの発言が説明できるかもしれない。

枯れた葉も新鮮な葉もめったに、あるいは全く得られないような場所に、たくさんのミミズがいることもある。たとえば、ごく稀にしか落ち葉が飛んでこない、掃除の行き届いた中庭の歩道の下などだ。息子のホーラス(7)は、一方の角が沈んで傾いている家を調べてみた。すると、とてもじめじめしている地下室の石床の隙間に、ミミズの小さな糞塊がたくさん排泄されていた。そのような場所で葉が手に入ることはまずないだろう。

ミミズは土に含まれる有機物だけでも相当長い期間生きていけるという、私が知る限りいちばんの証拠は、キング博士に聞いた事実である。ニースでは、大きな糞塊が尋常ではないほどたくさんあり、一フィート四方あたり五、六個も見つかることがざらだという。その糞塊は白っぽい細かい土の塊で、ミミズの体内を通過した後、乾燥してかなりしっかりとくっついた石灰質を含んでいたという。それらの糞塊は、東洋から持ち込まれて野生化したペリケータ属（*Perichaeta*）のものであると信じるにたる理由がある。*37 それらの糞塊は塔のようにそびえており（図2参照）、頂点のほうが基部よりもやや太くて、たいていは二・五インチ程度だが三インチに達することもある。いちばん大きかったのは高さ三・三インチ、直径一インチだった。塔の中心には細い円筒形の通路が通っていて、ミミズはその通路を上り、飲み込んだ土をその頂上に排泄するため、高さが増していく。こういう構造なので、周囲の地面から葉をくわえて

図2　ニースで見られる塔状の糞塊。おそらく *Perichaeta* 属のミミズが排泄したもの。写真から描き起こした原寸大。

巣穴に引きずり込むのは難しそうだ。キング博士の注意深い観察でも、ひとかけらの葉すら、引きずり込まれてはいなかったという。それどころか、糞塊の塔の周辺の地面には、葉を求めてミミズが這い回った跡など見つからなかった。這い回っていたとしたら、固まる前の糞塊の上部に痕跡が残りそうなものである。しかしだからといって、そのミミズたちが、一年の別の季節に葉を引きずり込んでいないということにはならない。

以上のような事例から、ミミズが土を飲み込むのは、トンネルを掘るためだけではなく、食物を得るためでもあることを疑う理由はない。ただしヘンゼンは、腐植土の分析から、ミミズは通常の腐植土では生きていけないと思われるが、腐葉土からならある程度の栄養をとることができるだろうと結論している。*38 しかしすでに見たように、ミミズは生肉、脂肪、さらにはミミズの死体が好物である。しかも通常の腐植土には、たくさんの卵、幼虫、小動物やその死体、シダの胞子、窒素肥料を生む細菌などが必ず含まれているはずだ。そうしたさまざまな生きものに加えて、腐りきっていない葉や根のセルロースの存在で、ミミズが大量の腐植土を飲み込むことが説明できそうだ。熱帯の湿地に生育するある種のタヌキモ（*Utricularia*）には、土中の小動物を捕らえるためのみごとな構造をそなえた捕虫嚢があるという事実を思い出してもよいだろう。土中にたくさんの小動物がいないとしたら、そのような捕虫嚢が発達することはなかっただろう。

ミミズが潜る深さとトンネル掘り

ミミズはふだん、地表の近くで暮らしているのだが、乾燥した天候が長く続いたり、寒さが厳しい時期には、かなり深いところまで潜る。スカンジナビアのアイゼンとスコットランドのリンゼイ・カーネギー氏[8]によれば、それらの地では、トンネルの深さは七～八フィートにも達しているという。ホフマイスターによれば、北ドイツでは、六～八フィートの深さだというが、ヘンゼンは三～六フィート程度だという。ヘンゼ

（7）ホーラス・ダーウィン（一八五一～一九二八）ダーウィンの末の息子。科学器具製作会社を創設した。一九一八年にナイト爵を授与された。

（8）ウィリアム・フラートン・リンゼイ・カーネギー（一七八八～一八六〇）スコットランドの名家出身。陸軍大尉。企業家、植物学者、地質学者。ダーウィンとの文通記録はないが、ライエル宛ての手紙（一八三八年）が残されている。

ンは、地表下一・五フィートでミミズが凍っているのを観察している。私自身の観察機会は多くないのだが、三～四フィートの深さにいるミミズをよく見かけた。チョーク層の上を細かい砂が覆っている層では、一度も掘り返されたことがないのに、五五インチの深さのところで一匹のミミズが二つに切断されていた。ダウンのわが家では一二月に、地表下六一インチのトンネルの底にいたミミズを一匹見つけた。そのほか、何世紀も掘り返されていない古代ローマの遺跡近くの地中では、六六インチの深さでミミズを一匹見つけた。それは八月半ばのことだった。

トンネルは、ほぼ垂直に掘られており、若干斜めのことが多い。枝分かれしていることがあると言われているが、私が見た範囲では、掘り返されてほどない土地の地面近くを除けば、そういうことはなかった。私は必ずそうなっていると思っているのだが、一般にトンネルは、ミミズが排泄した黒っぽくて細かい土で薄く内張りされている。したがって、掘られた時点では、トンネルの直径は最終的な直径よりも少し広かったはずである。掘り返されたことのない砂地には、そのように内張りされた深さ四フィート六インチのトンネルが何本もあった。掘り返されて間もない土地では、地面近くの浅いトンネルがやはり内張りされていた。掘られたばかりのトンネルの壁には、排泄されたばかりでまだ柔らかくてねばねばした小球状の土が点在していることが多い。ミミズがトンネル内を上下するうちに、それらの土粒が壁一面に塗り付けられていくのだろう。そのようにしてできた内張りは、乾くにしたがって緻密ですべすべになり、ミミズの体にぴったりフィットしたものになる。ミミズの体表からは、小さな剛毛が列をなして後ろ向きに生えている。トンネルの内張りは、それらの剛毛にとって格好の足掛かりとなる。つまり内張りされたトンネルは、ミミズのすばやい動きを可能にする構造になっているのだ。トンネルの内張りは壁の強化にも役立っているほか、おそらく、ミミズの体表に傷がつくのを防ぐことにもなっているのだろう。そう考える理由は、芝生の上に一・五インチの厚さでまかれている、篩にかけた石炭の燃え殻を通って掘られたトンネルの内張りは、異例なほど厚かったからだ。この例では、糞塊から見て、ミミズは石炭殻はいっさい飲み込まず、周囲に押しのけるようにしてトンネルを掘ったようだ。別の場所でも、厚さ三・五インチの粗い石炭殻の層を抜けて掘られているトンネルが、同じように内張りされていた。そういうわけで、巣穴のトンネルは単に掘られただけのものではなく、むしろセメントで内張りされたトンネルに喩えられるものだと思われる。

巣穴の入口も、葉で内張りされている場合が多い。これは、巣穴を塞ぐ本能とは別の本能であり、この点が注目されたことは、これまでなかったように思える。二つのポットで飼育しているミミズに、ヨーロッパアカマツの葉をたくさん与えてみた。そして何週間か後に、注意深く土を掘り返した。すると、斜めに掘られた三本のトンネルそれぞれの上部が七インチ、四インチ、三・五インチの範囲でマツ葉と、食物として与えた別の葉の断片で内張りされていた。マツ葉の隙間には、土の表面にばらまいておいたガラスのビーズやタイルのかけらが押し込まれていた。その隙間も、ミミズのねばねばした土の糞で塗りこめられていた。そうやって作られた構造物は、しっかりと固まっており、丸ごとそっくり、ほんの少しだけ土がついた状態で取り出すことができた。それは、やや湾曲した筒で、側面の穴や両端から内面がのぞき込めた。マツ葉は、すべて基部の側から引きずり込まれており、針葉の鋭い先端は、ねばねばした土の内張りの中に押し込まれていた。きちんとそうなっていなかったとしたら、鋭い針葉のせいで、ミミズはトンネルにうまく潜り込めないはずである。それは、尖った針金を漏斗状に組み合わせることで、獲物が入ることはできるが出ることは難しくて不可能に近い罠のようなものになっていたはずである。ミミズのこの手並みの良さは注目に値する。ましてや、ヨーロッパアカマツは移入種であることを考えるとなおさらである。

飼育しているミミズでこうした観察をした後、近くにヨーロッパアカマツが何本か生えている花壇の巣穴を調べてみた。すべての巣穴の入口は、一～一・五インチほどまでマツ葉を引き込むという通常のやり方でふたがされていた。飼育下との違いは、多くの入口は、深さ四～五インチほどまで、やはりマツ葉と他の葉の断片で内張りされていたことだ。前述したように、ミミズは、巣穴の入口近くにずっととどまっていることが多い。温もりを求めてのことなのだろう。葉で作ったかご状の内張りのおかげで、ミミズは冷たくて湿った土に直接接触しなくてすみそうだ。ミミズがいつもマツ葉の上にいることは、マツ葉の表面は汚れていないうえに、ほとんど磨かれたような状態であることから、まず間違いなかった。

地面に深く潜っているトンネルのいちばん奥は、ふつうやや広くなった小部屋で終わっているか、そうなっている場合が多い。ホフマイスターによれば、一匹ないし何匹かのミミズがその部屋で丸まって冬を越すのだという。リンゼイ・カーネギー氏から（一八三八年に）寄せられた情報を紹介しよう。氏は、スコットランドの石切り場でたくさんの巣穴を調べたという。そこは、氷河によって形成された漂礫粘土や腐植土が取り除かれて間もない場所で、垂直の小さな崖になっていた。何例かでは、トンネルの二、三カ所に少しの膨らみがあり、地表から七〜八フィートの深さで大きめの部屋になって終わっていた。そうした奥の部屋からは、尖った小さな石屑や亜麻の種子の殻がたくさん見つかったという。そのなかには生きた種子も混じっていたようだ。翌年の春、カーネギー氏は、掘り開けられた部屋のいくつかから芽が出ているのを確認しているからだ。私は、サリー州アビンジャー(9)で、一つは三六インチ、もう一つは四一インチの深さのトンネルで、いちばん奥が似たような部屋で終わっているのを見つけた。どちらの部屋も、大きさがカラシナの種子程度の小粒の石が敷き詰められ、内張りされていた。そのうちの一つからは、殻つきのままのカラスムギの腐った種子が一つ見つかった。ヘンゼンもこれと似た報告をしている。[*39] トンネルの奥は小粒の石で内張りされており、石粒が見つからない場所では、ナシのものとおぼしき種子が使われていたという。しかも一つの巣穴に一五粒もの種子が運び込まれ、そのうちの一つは発芽していたという。このことからは、土中に埋め込まれた種子がどれくらい長く発芽能力を保持するかを植物学者が調べようとするときには、用心してかかるべきだということがわかる。かなり深いところから採取した土に含まれる種子は、どれもみな長期にわたって埋め込まれていたものだと決めてかかろうものなら、誤りを犯しかねないからだ。奥の部屋の壁に埋め込まれた石粒や種子は、地表で飲み込んで運び込まれたものと考えられる。ポットで飼育しているミミズは、びっくりするほどたくさんのガラスのビーズ、タイルやガラスのかけらを巣穴に持ち込むからだ。なかには口にくわえて持ち込まれたものもあったかもしれない。越冬用の部屋をミミズが石粒や種子で内張りする理由として唯一考えられる答は、丸めた体が冷たい土に直接触れるのを防ぐためというものだ。冷たい土に触れていると、唯一の呼吸法である皮膚呼吸が妨げられるのかもしれない。

土を飲み込んだミミズは、トンネルを掘るためだったにしろ食物を得るためだったにしろ、ただちに地表に出て消化管を空にする。排泄された土は、腸の分泌物とよく混ざっているためねばねばの状態である。それらはやがて乾燥して固くなる。ミミズの排泄を観察したところ、土が液状のときは、噴出するかのように排泄された。それ

(9)　ロンドンの南西サリー州のカントリータウン。

ほど液状ではないときは、ゆっくりした蠕動運動のようだった。排泄される方向は無差別ではない。最初は一方向、次は別の方向というように、気を配るかのように排泄される。そのときのしっぽの動きは、まるで左官が操る鏝《こて》を思わせる。

糞塊の小さな山ができると、ミミズはしっぽを突き出すのをただちにやめるようだ。それは安全を期すためなのだろう。その後は、すでに積みあがった柔らかい糞の中に土の糞を押し込む。この作業のために、同じ巣穴の口が長期にわたって使用される。ニースの塔のような糞塊（図2参照）や、ベンガルのさらに高い塔のようなよく似た糞塊（後述）では、その構築にあたってかなり高度な技術が発揮されている。キング博士の観察でも、糞塊の塔の中の通路は、地下のトンネルと一直線の関係にはなかったという。そのため、草の茎などの細長いものは、塔からトンネル内に引きずり込むことはできない構造になっている。このような通路の向きの変更は、なんらかのかたちで防御に役立っているのだろう。ミミズが土を排泄するために地表に出るときはしっぽを巣穴から突き出す。一方、葉を集めるときは頭を地表に突き出さねばならない。つまりミミズは、体にぴったりフィットしたトンネルの中で方向転換する力を発揮しなければならない。これは、かなり至難の業に思える。

ミミズの糞は、必ず地表に排泄されるとは限らない。隙間が見つかるときには、そこに排泄する。掘り返されたばかりの土や積み上げられた植物の茎のあいだにトンネルを掘るときは、そうした隙間を利用する。地面の上に転がっている大きな石の下の空所なども、ミミズの糞ですぐにいっぱいになる。ヘンゼンによれば、古い巣穴が排泄場所として常習的に利用されるという。しかし私の観察からいえば、掘り返されたばかりの地面の地表近くの古い巣穴は別として、それは事実ではない。思うにヘンゼンは、黒土で内張りされた古いトンネルの崩壊した壁に騙された可能性がある。茶色っぽい土の中に残る黒土の筋はよく目立つし、糞で満たされたトンネルと見間違いやすいからだ。

古いトンネルは、やがてまちがいなく崩壊する。次章で見るように、ミミズが排泄する目の細かい土が一様に堆積するとしたら、年に〇・二インチの厚さの堆積層があちこちで形成されるはずだからだ。いずれにしろ、それだけの量の土粒が、使われなくなった古いトンネル内に堆積されることはない。トンネルが崩壊しないとしたら、まずはすべての土地が深さ一〇インチあたりまでびっしり穴だらけになり、五〇年を経ずして、地中には深さ一〇インチの巨大な空洞が出現することになりかねない。樹木や草本の根が腐ることで出現する隙間にしてもやはり、時間とともに崩壊するはずなのだ。

ミミズのトンネルは、垂直かやや斜めである。なので、土壌がいくらかでも粘土質ならば、雨の多い時期にはトンネルの壁がゆっくりと滑るか内側に崩れると考えてまちがいないだろう。それに対して土壌が砂地か小さな砂利をたくさん含んでいる場合は、どんなに雨の多い時期でも壁が滑り出すほどドロドロになることはまずない。しかしこの場合でも他の要因が作用する可能性がある。大雨の後、地面は水を含んで膨れるのだが、横には広がれないため、上に盛り上がる。地面が乾いたときには沈む。たとえば、地面に置いた平らな大きな石は、五月九日から六月一三日の乾燥した時期には三・三三ミリ沈んだのに対し、九月七日から一九日の後半にたくさんの雨が降ったときに一・九一ミリ持ち上がった。霜と雪解けの時期には、この動きは二倍になった。この観測を行なったのは息子のホーラスで、乾燥した時期と雨の多い時期が続く中での石の動きと、地中のミミズの活動が石に及ぼす影響に関する観測結果は、後日公表される予定である。ところで、地面が膨れるとき、その中を通っているミミズのトンネルのような円筒形の構造は、壁が内側に押されて変形する。その変形は、（土の湿りぐあいが均一だとしたら）地表に近い部分よりも地中深い部分のほうが大きくなる。そちらのほうが、上に乗っている土の重量が大きいからだ。地面が乾くと、壁は少しだけ縮み、トンネルも若干広がる。ただし、地面が横方向に収縮することによるトンネルの膨張は、上に乗っている土の重量のせいで、どちらかといえば抑えられる。

ミミズの分布

ミミズは世界中で見られ、広い分布域をもつ属もいる。[*40] ミミズは隔絶した島にまで生息している。アイスランドにもたくさんいるし、西インド諸島、セントヘレナ、マダガスカル、ニューカレドニア、タヒチにもいることがわかっている。南極域では、ケルゲレン島での生息をレイ・ランケスター[(10)]が報告している。私もフォークランド諸島でミミズを確認した。そのような隔絶した島々にミミズがどうやって到達したのか、現時点ではまったくわかっていない。塩水に浸かればすぐに死んでしまうし、幼体か

(10)　エドウィン・レイ・ランケスター（一八四七〜一九二九）　イギリスの動物学者。ロンドン大学ユニバーシティカレッジ教授、オックスフォード大学教授、大英自然史博物館館長（一八九八〜一九〇七）を歴任。イギリス近代生物学の礎を築いた。

卵包が陸鳥の脚やくちばしについた土に含まれて運ばれたということもありそうにない。しかも、現在のケルゲレン島には陸鳥がいない。

本書の主な関心事は、ミミズが地表に排泄する土である。なので、遠隔地に関するこの問題をめぐる事実をいくつか集めてみた。ミミズは、アメリカ合衆国でも大量の糞塊を地表に排泄している。ベネズエラでは、おそらくウロケータ属（*Urochaeta*）のものと思われる糞塊が、庭や草地でたくさん確認できる。しかし、カラカスのエルンスト博士[11]からの情報では、森林では見られないという。博士は、二〇〇平方ヤードの自宅裏庭で一五六個の糞塊を集めた。その大きさは、〇・五〜五立方センチの幅があり、平均は三立方センチだった。このサイズは、イングランドでよく見つかる糞塊に比べると小さい。私の自宅近くの草地で採取した六個の大きな糞塊の平均サイズは、一六立方センチだったからである。ブラジル南部のセント・カタリナでは何種かのミミズがふつうに見られる。フリッツ・ミュラー[12]から寄せられた情報では、「森林や牧草地の多くの場所では、地表には糞塊がめったに見られない場合でも、深さ二五センチまでの土のすべてが、ミミズの消化管を何度も繰り返し通過しているように見える」という。その地には巨大な珍しい種も生息していて、その巣穴は直径が〇・八インチに達することもあり、トンネルは地中深くまで達しているようだ。オーストラリア、ニューサウスウェールズの乾燥地帯でミミズがふつうに見られるとは、予想していなかった。しかし私が問い合わせたシドニーのG・クレフト博士[13]によれば、庭師などの話や彼自身の観察から、ミミズの糞塊はたくさん見つかるという。博士は、激しい雨が降った後に採集した糞塊を送ってくれた。それらは、直径がおよそ〇・一五インチの小さな粒の塊で、黒っぽい砂土がまだしっかりとくっつき合って

---

(11) アドルフ・エルンスト（一八三二～九九）ドイツ生まれの植物学者、昆虫学者。一八六一年にベネズエラに移住。一八三九～八二年に九通の手紙を交わしている。この情報は一八八〇年一〇月一七日の手紙。

(12) ヨハン・フリードリッヒ・テオドール・ミュラー（一八二二～九七）ドイツ生まれのナチュラリスト。一八五二年にブラジルに移住。リオデジャネイロの国立博物館客員研究員（一八七六～九七）。無脊椎動物の形態学と擬態の研究でダーウィンに貢献した。一八四八～八二年の間に一一一通の手紙を交換している。

(13) ジェラード・クレフト（一八三〇～八一）ドイツ生まれの動物学者。オーストラリアの金鉱で働いた後、シドニーのオーストラリア博物館キュレーター助手となる（一八六四～七四）。オーストラリアに生息する肺魚の発見者でもある。七二～七六年にかけて文通した。

いた。

カルカッタ植物園の今は亡きジョン・スコット氏(14)は、湿潤で暑い気候のベンガル地方に生息するミミズに関する観察をたくさんしてくれた。ジャングルでも開けた土地でも、糞塊はほぼどこでもたくさん見つかり、氏の見解ではイングランドよりも多いくらいだという。水があふれていた水田から水が引いた後、たちまち地表全体に糞塊がちりばめられた。ミミズがどれほど長く水中で耐えられるものか予期していなかったスコット氏は、この事実に驚いたという。植物園では、ミミズはやっかいな存在だという。「みごとな芝生を維持するには、ほぼ毎日のようにローラーをかけねばなりません。わずか数日怠っただけでも、大きな糞塊が点々と広がるからです」。それらの糞塊は、ニースでたくさん見つかるものと類似している。おそらく、ペリケータ属のミミズのしわざなのだろう。塔のようにそそり立ち、まん中に通路が通った糞塊である。

写真から描き起こしたそうした糞塊の一つが図3である。私が入手した最大の糞塊は、高さ三・五インチ、直径一・三五インチだった。もう一つは、高さ二・七五インチ、直径〇・七五インチだった。その翌年、スコット氏が大きめの糞塊を計測した。

一つは、高さ六インチ、直径一・五インチ。他の二つは、高さ五インチで、直径は二インチと二・五インチ強だったという。私に送られてきた二二個の糞塊の平均重量は三五グラムで、最大のものは四四・八グラムもあった。いずれの糞塊もみな、一晩か二晩で積み上げられたものだった。ベンガルでも、大きな木の下のような乾いた地面では、さまざまな種類の糞塊がとんでもなくたくさん見つかる。形状は小さな楕円状

図３　カルカッタ植物園の *Perichaeta* 属のミミズが排泄した塔状の糞塊。写真から描き起こした原寸大。

か円錐状で、長さは〇・〇五〜〇・一インチほどである。それらは明らかに別の種が排泄したものである。

カルカッタのミミズがそのような尋常ならざる活発さを発揮するのは、雨季が終わって涼しくなる季節の二カ月あまりの期間だけである。その時期、一般にミミズが見つかるのは地表から一〇インチほどの深さまでの範囲である。暑い季節、ミミズは地中深くに潜り、体を丸めて夏眠しているように見える。スコット氏によれば、自分では二・五フィートよりも深いところでミミズを見つけたことはないが、四フィートの深さで見つかったという話を聞いたことがあるという。森の中では、暑い季節でも新鮮な糞塊が見つかる。カルカッタ植物園のミミズが、涼しい乾季に巣穴の入口にたくさんの葉や小さな茎を引きずり込むのはイギリスのミミズと同じだが、雨季にそういうことをすることはめったにない。

スコット氏は、インド北部、シッキム地方の高山帯でミミズの糞塊を確認している。南インドでは、キング博士が、ニルギリ丘陵の標高七〇〇〇フィート［二一三四メートル］の場所で、大きさが並ではない「たくさんの立派な糞塊」を見つけている。それを排泄したミミズが見られるのは雨季だけで、体長は一二〜一五インチ、太さは男性の小指ほどもあるという。キング博士は、雨が降らない日が一一〇日続いた後でそれらの糞塊を採集した。それらが排泄された時期は、北東モンスーンが吹く期間、あるいはむしろその前の南西モンスーンが吹く期間にちがいない。糞塊の表面がいくらか崩れている上に、細い根がたくさん貫通していたからだ。図4は、もとのサイズと形状を最もよく保持していると思われる糞塊である。一部崩れて失われているとはい

図4　インド南部ニルギリ丘陵の糞塊。写真から描き起こした原寸大。

え、最大級の五個の糞塊は（乾燥重量が）平均八九・五グラムだった。最大の糞塊は一二三・一四グラムもあった！　最大の渦巻き状の糞塊は直径が一インチ以上あった。ただしそれは、まだ柔らかかったあいだにひしゃげたもので、そのせいで直径が増加した可能性がある。なかには、すっかり変形してしまい、扁平な一枚のケーキのように潰れてしまっているものもあった。構成成分は白っぽくて細かい土で、驚くほど固く締まっている。明らかに、ミミズが出した物質で土の粒子がぎゅっと接着されているせいである。何時間か水に浸けたくらいではばらばらにならなかった。排泄場所は砂利まじりの地表だったが、糞塊に石の粒はほとんど混じっておらず、最大でも直径〇・一五インチの粒だった。

キング博士は、セイロンで、長さ二フィート、直径〇・五インチのミミズを見かけている。現地の人の説明では、雨季にはきわめてふつうに見られる種だという。そのミミズならば、最低でも、ニルギリ丘陵の糞塊と同程度の大きさの糞塊を排泄しそうである。しかしキング博士は、セイロンでの短い滞在中には一つの糞塊も見なかった。

以上の観察や報告から、世界中のほぼすべての地域、じつにさまざまな気候条件の下で、ミミズは細かい土の粒子を地表に運ぶ仕事をたくさんこなしていることを示すに十分な事実が得られた。

＊27 クラパレード（Zeitschrift für wissenschaft. Zoolog. B. 19, 1869, p. 602）によれば、咽頭はその構造からみて吸引に適応しているという。
＊28 この女性による観察はGardeners Chronicle, March 28th, 1868, p. 324.
＊29 Catalogue of the British Museum Worms, 1865, p. 327に引用されているGard. Mag. xvii. p. 216.
＊30 Familie der Regenwürmer, p. 19.
＊31 この細い三角形の頂角は九度三四分、底角は八五度一三分。太い三角形のほうは、頂角が一九度一〇分、底角八〇度二五分。
＊32 ファーブルの興味深い研究は、Souvenirs entomologiques（『昆虫記』）, 1879, pp. 168-177参照。
＊33 Möbius, Die Bewegungen der Thiere, &c., 1873, p. 111.
＊34 Annals and Mag. of N. History, series ii. vol. ix. 1852, p. 333.

⒁ ジョン・スコット（一八三六〜八〇） スコットランド生まれの植物学者、園芸家。園芸家として働いた後、一八六四年にダーウィンの勧めでインドに移住。一八六五年にはカルカッタ植物園のキュレーターとなった。ダーウィンのために多くの実験観察を行なった。

＊35 Archives de Zoolog. expér. tom. iii. 1874, p. 405.

＊36 この分野の権威ゼンパーの Reisen im Archipel der Philippinen, Th. ii. 1877, p. 30 による。

＊37 キング博士から、ニースで採集したミミズの提供があった。博士が観察した三つの糞塊はそれらのミミズのものだと、博士は考えている。それらの標本をペリエ氏に送付し、同定してもらった。その結果は、コーチシナ［ベトナム南部］やフィリピン原産の *Perichaeta affinis*、フィリピンのルソン島原産の *P. Luzonica*、カルカッタ原産の *P. Houlleti* だった。ペリエ氏によれば、ペリケータ属 *Perichaeta* は、モンペリエとアルジェの庭に野生化しているという。ニースで見つかる塔のような糞塊が外来種のミミズによるものだと推察する理由がまだなかった時点で、私は、それらの糞塊が、カルカッタから送られてきた糞塊とよく似ていることに驚きを感じていた。

＊38 Zeitschrift für wissenschaft. Zoolog. B. xxviii. 1877, p.364.

＊39 Zeitschrift für wissenschaft. Zoolog. B. xxviii. 1877, p. 356.

＊40 Perrier, Archives de Zoolog. expér. tom. 3., 1874, p. 378.

3章　ミミズが地表に運ぶ細かい土の量

ここで、本書の主題に迫る話題に話を進めよう。ミミズが地表に運び上げ、その後、雨風によって均されていく土の量はいかほどかという問題である。その量は二つの方法で評価できる。地表に置いた物体が土で覆われる速さを測る方法が一つ。それよりも正確な方法は、一定時間内に運び上げられる量を測るというやり方である。第一の方法から始めよう。

スタッフォードシャーのメアホール近くに、一八二七年頃に生石灰を厚く一面にまいた後、一度も耕したことのない肥沃な牧草地がある。一八三七年一〇月の初め、この牧草地で四角い穴をいくつか掘った。その断面から、いちばん上の層は、牧草の根がしっかりとはった厚さ〇・五インチの層で、その下には、二・五インチ（すなわち地下三インチまで）の厚さで、石灰の粉か小さな塊の層が広がっていた。石灰層の下の土は、砂利か粗い砂で、その上を覆う黒くて細かい黒い腐植土とは見かけがかなり違っていた。その牧草地の一部には、一八三三年か一八三四年に石炭殻がまかれていた。前記の穴を掘った時点で、そのときから三、四年を経ていたわけだが、穴の断面をぐるりと取り囲むように、石炭殻の黒い筋が確認された。その筋は地表下一インチで、石灰層の上に平行に走っていた。半年くらい前に石炭殻をまいたばかりの牧草地の別の場所では、地表に残っていたり、牧草の根に絡んでいたりした。これは、ミミズによる埋め込みの過程の始まりを目にしたことになる。石炭殻の小さな破片の上にミミズの糞塊がいくつか確認されたからだ。その四年九カ月後、同じ場所を再調査した。すると、以前よりさらに一インチ近く下、正確には〇・七五インチ下に、石灰と石炭殻の層がどこでも確認できた。つまり、この牧草地でミミズが地中から運び上げて地表で均された腐植土は一年に平均〇・二二インチの厚さだったことになる。

別の牧草地でも、石炭殻がまかれていた。まかれたのがいつか定かではないのだが、地表下およそ三インチのところに厚さ一インチの層が（一八三七年一〇月の時点で）確認できた。その石炭殻の層は一面に連続していたため、その上を覆う黒い腐植土と、石炭殻層をはさむその下の赤い粘土層とをつなぐのは、牧草の根だけだった。根を断ち切ると、腐植土と粘土層は分離した。第三の牧草地には、いつかはわからないが、石炭殻と泥灰土が何度かまかれていた。一八四二年にそこで穴を掘ったところ、深さ三・五インチのところに石炭殻の層が認められた。その下、地表から九・五インチのところには、泥灰土と石炭殻がまじった筋があった。穴の一つの断面には、深さ二インチと三・五インチのところに石炭殻の層が二つあった。そのさらに下には、一カ所では九・五インチのところ、別の箇所では一〇・五インチのところに泥灰土の痕跡があった。さらに別の場所では、二層の石灰層が上下にはっきりと認められた。その下には、石炭殻と泥灰土の混じった層が、地表下一〇～一二インチのところにあった。

何もない沼地の一角を囲い込み、排水した後で耕し、鋤でならしたところに、一八二二年に泥灰土と石炭殻が厚くまかれた場所があった。そこに牧草の種子がまかれ、現在はまあまあそれなりの牧草地になっている。干拓から一五年を経た一八三七年、この牧草地に穴を掘って調べた。図5（縮尺二分の一）で示したように、牧草の厚さは〇・五インチで、その下は厚さ二・五インチの腐植土層だった。この腐植土層にはいかなる混じり物もなかったが、その下の厚さ二・五インチの腐植土層には、赤くてよく目立つ泥灰土のかけらがたくさん混じっていた。底近くのかけらは長さが一インチもあった。そのほか、石炭殻のかけらのほか、白い石英の小石もわずかに混じっていた。元の黒い泥炭っぽい砂地の土壌は、そのさらに下、地表から四・五インチのと

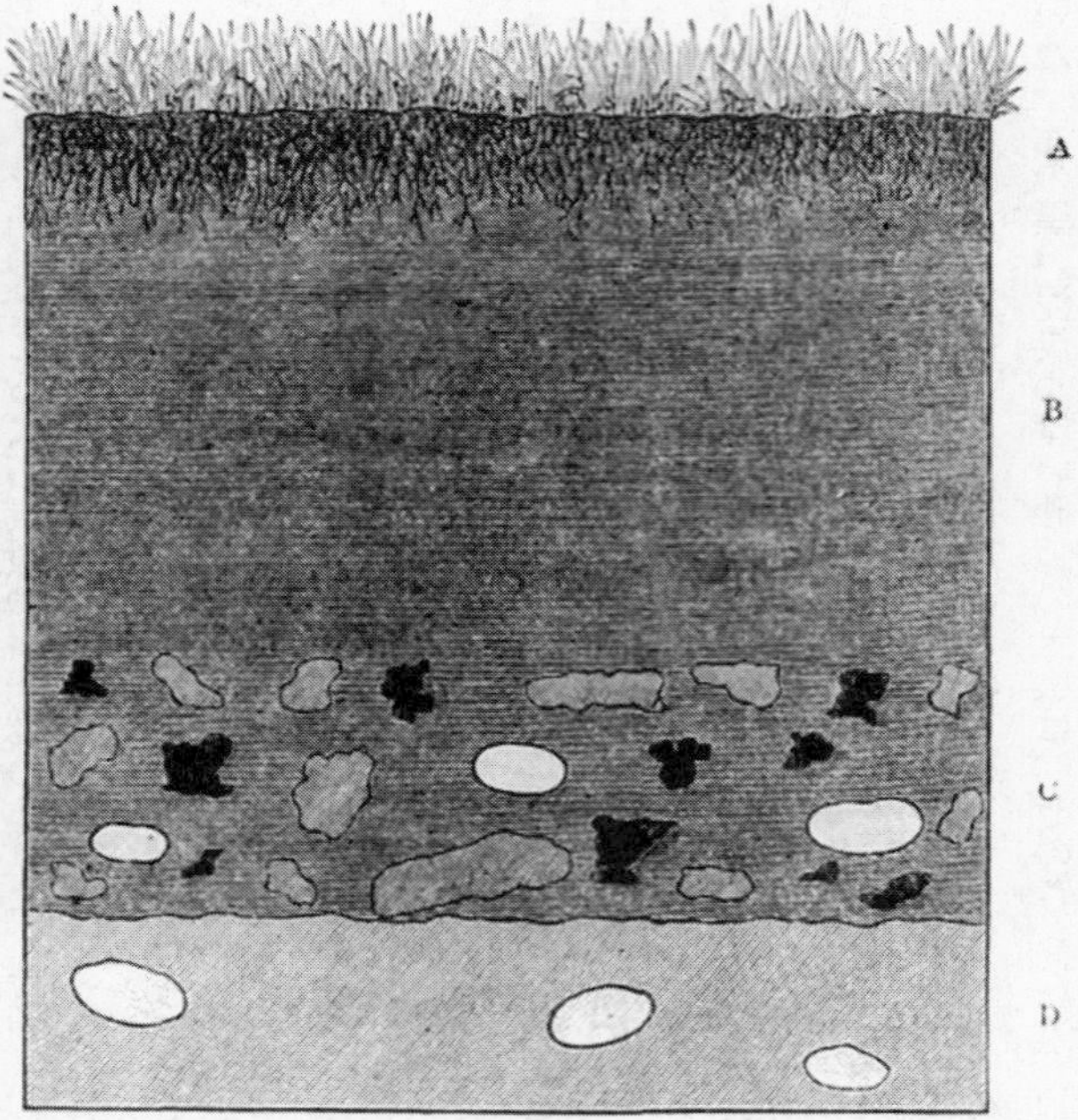

図5　干拓から15年を経たとされる牧草地の腐植土の断面図（縮尺2分の1）。A：牧草、B：石のない腐植土、C：泥灰土や石炭殻のかけら、石英の小石を含む腐植土、D：黒い泥炭っぽい砂地の土壌と石英の砂利。

ころから、石英の砂利をわずかに含んだ状態で見つかった。したがって、干拓地にまかれた泥灰土と石炭殻は、一五年のあいだに、牧草を除く厚さ二・五インチの目の細かい腐植土の層で覆われたことになる。その六年半後にこの土地の調査を行なった。すると、泥灰土と石炭殻の名残は、地表下四～五インチのところで見つかった。つまり六年半の間に、およそ一・五インチほどの腐植土が表層に追加されたことになる。私にすれば、二一年半の間に、もっとたくさんの腐植土が運び上げられなかったことが驚きである。すぐ下の黒い泥炭土壌の中にはたくさんのミミズがいたからである。しかしそれは、まだ土地が肥えていなかった頃はミミズの数も少なく、腐植土の堆積がのろかったからなのだろう。結果として、二一年半で四インチの腐植土が積み上げられたわけで、一年当たりでは〇・一九インチとなる。

あと二つ、報告しておくべきことがある。一八三五年の春、牧草地に赤い砂が全面に厚くまかれた。そこは長らくやせた牧草地で、しかもぬかるんでいて、歩くと足下がわずかに揺れるような土地だったのだが、赤い砂がまかれたことで赤土の土地に変わったかに見えた。それから二年半ほどたった時点で穴を掘ったところ、地表から〇・七五インチのところに砂の層があった。一八四二年（すなわち砂がまかれてから七年後)、新たな穴を掘ってみたところ、砂の層は地表下二インチ、牧草の下から測ると一・五インチのところだった。つまり、年に平均〇・二一インチの割合で腐植土が運び上げられたことになる。赤い砂の層の下には、もともとの泥炭質の黒砂の層が広がっていた。

やはりメアホールから遠くない草地は、以前から泥灰土に厚く覆われており、何年か牧草地として放っておかれた後に耕された。泥灰土をまいてから二八年後、友人の一人が三本の溝を掘った。*41 すると、泥灰土のかけらを含む層は、注意深い測定の結果、深さ一二インチと一四インチのところにあった。この深さの違いは、泥灰土層は水平だったものの、地表が耕されて、畝と畝溝の高低差が存在したためである。小作人の話では、耕した深さはせいぜい六〜八インチでまちがいないという。泥灰土のかけらを含む層は、地表下一二〜一四インチのところで水平な切れ目のない層をなしていたので、耕される前、牧草地だったときにミミズによって埋め込まれたにちがいない。そうでないとしたら、耕されたときに土壌中のあらゆる深さに鋤き込まれていたはずである。四年半後、私は、最近までジャガイモが栽培されていたこの畑に三つの穴を掘ってみた。すると、泥灰土のかけらを含む層が畝溝の底の下一三インチのところで見つかった。畑全体の地表からは一五インチ下ということになりそうだ。しかし、その土地が牧草地のままで耕されていなかったとしたら、三二年半の間に泥灰土層の上にミミズが黒砂土を運び上げた量が厚さ一五インチに達することはなかったはずである。牧草地のままだったとしたら、土壌はもっと固かったはずだからだ。泥灰土のかけらを含む層は、石英の小石混じりの白砂からなる、耕されていない底土の上に乗ったままの状態だった。そのような土壌は、ミミズにとってあまり魅力的ではない。したがって、それ以後のミミズによる腐植土の運び上げはとてもゆっくりとしたものになっていたことだろう。

次は、これまで紹介してきた乾燥した砂地やぬかるんだ畑とは大きく異なる土地でのミミズの活躍を見てみよう。ケント州にあるわが家の周囲には、チョーク（白亜）層が広がっている。その地表は、とても長きにわたって雨水の浸食作用を受けた結果として、とんでもなくでこぼこしている。波状のひだが唐突に走っていたり、井戸のような深い穴がたくさん穿たれていたりするのだ。[*42]チョークが溶ける間に、あらゆるサイズの大量の尖ったフリント（珪質団塊《ノジュール》）などを含む、水に溶けないものが地表に残され、固くて赤い粘土層を形成している。たくさんのフリントを含むその層は、一般に厚さ六〜一四フィートである。牧草地として長らく放っておかれていた土地では、その赤い粘土層の上に、厚さ数インチほどの黒っぽい腐植土の層が存在している。一八四二年一二月二〇日、わが家近くの草地の一部に、相当量の砕いたチョークをまいた。その土地は、確実に三〇年、もしかしたらその二倍か三倍の期間にわたり、牧草地だったところだ。チョークをまいたのは、この先、それがどれくらいの深さまで埋まっていくかを観察するためだった。一八七一年一一月の終わり、すなわちチョークをまいてから二九年後、その土地の一部を横切るように一本の溝を掘ってみた。すると、溝の両側、深さ七インチの箇所に、白いチョークの塊（ノジュール）が筋状に走っているのが見つかった。したがってここでは、（牧草を除く）腐植土が年平均〇・二二インチの速さで運び上げられたことになる。チョークの塊の筋の下には、フリントを含まない細かい土がない場所と、厚さ一・二五インチの層がある場所があった。後者の場所では、腐植土の厚さは合計すると九・二五インチになる。そのような場所の一つでは、かつては地表にあったはずのチョークの塊と角のないフリントを大量の砂利がその深さで見つかった。地表から一一〜一二インチ下には、フリントを大量に含む赤い粘土層が乱された形跡のないまま広がっていた。前記のチョークの塊を初めて見たとき、私はたいそう驚いた。水の流れにもまれて摩滅した小石によく似ていたからである。砕かれたばかりの小石ならば角張っていたはずなのだ。しかしその塊をレンズで拡大して見てみると、水で摩耗しているようには見えなかった。塊の表面には溶食作用による不均一な穴が認められ、その表面からは、化石の殻が微細に砕けて尖った破片が突き出ていたからである。もともとのチョーク片の広い表面は、雨水に溶けている炭酸と植物質を含む土壌中で生成された炭酸のほか、腐植酸（フミン酸[*43]）にもさらされたことで角が完全に溶け落ちてしまっていることが明らかだった。突き出た角は、他の部分に比べるとたくさんの生きた根に取り囲まれることにもなったはずである。ザックス[(1)]が明らかにしたように、生きた根には大理石をも侵すほどの威力があるのだ。したがって二九年を経るうちに、埋設された角ばったチョークは丸みを帯びた塊に姿を変えたというわけである。

同じ草地の別の場所は苔むした場所だった。篩《ふるい》にかけた石炭殻をまくと牧草地が改

（1）　ユリウス・フォン・ザックス（一八三二〜九七）　ドイツの植物学者、植物生理学者。一八六八年にヴュルツブルク植物生理学研究所を創設。一八七七年に叙爵。七一、七五、七七年に手紙を交換した記録がある。

良できるとされているため、その場所には一八四二年か四三年と、その何年後かにもう一度、石炭殻が厚くまかれた。七一年、そこに溝を掘ったところ、地表下七インチに石炭殻の筋が認められた。その上、地表下五・五インチの部分には別の筋も平行に走っていた。この草地の別の場所には、かつては個別の区画として存在し、一世紀以上にわたって牧草地として使われていたことが確かな土地があった。そこに溝を掘り、腐植土の厚さを調べることにした。偶然だが、最初の溝を掘った場所は、まちがいなく四〇年以上前のある時点で大きな穴を赤い粘土塊、フリント、チョーク片、砂礫で埋めた箇所だった。そこの細かい腐植土の厚さは、わずか四インチ八分の一〜八分の三だった。放置されていた別の場所では、腐植土の厚さは六・五〜八・五インチまでまちまちだった。一カ所からは、腐植土層の下から小さなレンガ片がわずかだが見つかった。これらの例からは、過去二九年間に、腐植土は年平均〇・二〜〇・二二インチの速さで地表に堆積していたことになる。しかしこの地域では、耕した土地が草で覆われた当初の腐植土の堆積速度はもっと遅い。五、六インチほどの腐植土層が形成された後の堆積速度はさらに遅くなるはずである。それは、ミミズは主に表層近くで生息するようになり、地下深くまで潜って新しい土を運び上げるのは、(この畑では地下二六インチのところでミミズが見つかる）気温が低くなる冬期か、乾燥する夏期だけになるからだ。

前記の土地に隣接した草地は部分的に勾配がきつく（一〇～一五度）、その部分が最後に耕されたのは一八四一年で、そのときにハロー（馬鍬）をかけて均されてから牧草地となるにまかせられた。その土地は何年間か草がまばらで、大小さまざまなフリントで厚く覆われていた（なかには子供の頭くらいの大きさのものもあった）ため、うちの子供たちはそこを「石ころ原っぱ」と呼んでいたほどである。子供が走り下ると、石もいっしょに転がり落ちた。そこの大きなフリントが腐植土と牧草で覆われるのを見る日まで、はたして自分は生きていられるだろうかと訝しんだことを覚えている。ところが、小さめの石はほどなく姿を消し、その後しばらくすると大きな石もことごとく見えなくなった。結果的に三〇年後（一八七一年）には、端から端まで、固く締まった芝の上を馬が、蹄で一つの石も蹴ることなく疾駆できるほどになった。一八四二年のその原っぱのことを覚えている者にとって、その変貌ぶりは驚きだった。これぞミミズのなせる業に相違なかった。糞塊の数は、最初の何年かこそ少なかったものの、毎月のように数を増し、草地の改良が進むほどに着実に増加した。一八七一年、その傾斜地に一本の溝を掘ってみた。草の葉を根元から刈ると、牧草の厚さと腐植土の厚さを正確に測ることができた。牧草の厚さは半インチもなく、石ころを含まない腐植土の厚さは二・五インチだった。腐植土の下は、隣接する耕地がそうであるように、たくさんのフリントを含む粗い粘土質の土壌だった。この粘土層は、地面に鋤を差し込んで持ち上げると、腐植土層から簡単に剝がれ落ちた。この三〇年間の腐植土の平均堆積率は、一年に〇・〇八三インチ（つまり一二年で一インチほど）ということになる。しかし、この率は決して均等ではなく、最初はもっと遅く、だんだん速くなっていったはずである。

私の眼前で起こったこの草地の変貌ぶりは、後に、近くのノールパークで下草のないブナの深い森を調べた段階で、ことさら印象的なものとなった。そこの林床には大きな石が転がっていてミミズの糞塊はほとんどまったく見当たらなかったのだ。地表に残されている不明瞭な筋や凹凸から判断すると、その土地は何世紀か前には耕作されていたのだろう。しかし、ブナの若木が瞬く間に密に生い茂ったせいで、ミミズが石を糞塊で覆うほどの時間がないまま、ミミズの成育には適さない土地になってしまったのだろう。ともかく、今やたくさんのミミズが生息し、「石ころ原っぱ」と呼ぶにはふさわしくなくなった状態と、ノールパークのミミズ不在とおぼしき深い森の状態の違いは驚きだった。

一八四三年、わが家の芝を横切る小径に、小さな敷石を、隙間を残した状態で敷いた。ところがミミズがたくさんの糞塊を積み上げたせいで、その隙間に草がびっしりと生えた。何年間かは、小径の草取りを丹念にしていたのだが、やがて草とミミズが勝利をおさめ、庭師は除草を断念し、芝刈りの際に草を刈るだけになった。すると小径はすぐに草で覆われ、何年か後には痕跡を残さないほどになった。一八七七年、上を覆っていた芝を取り除いたところ、小さな敷石は、厚さ一インチの腐植土の下に埋まった状態で、すべて元の位置にあった。

牧草地の上に散らばっている物体がミミズの活動によって地中に埋め込まれた例に関して最近発表された二つの報告に注目しよう。H・C・キー師(2)は、一八年前に石炭の灰をまいたとされている草地に溝を掘ったという。すると、溝の垂直の断面の、少

(2)　ヘンリー・クーパー・キー（一八一九〜七九）　イングランド西部ヘレフォードシャー、ストレットン・スグワスの教会主管者。ダーウィンとの文通記録はない。

なくとも深さ七インチのところに、長さ六〇ヤードにわたり、「地表の牧草と完全に平行な、石炭の灰と小さな石炭が混じった細い均一な筋」が見つかった。この事例では、溝の断面に見つかった筋が平行に長く延びているのが興味深い。もう一つは、ダンサー氏(3)の報告である。[*45] 骨粉が厚くまかれた草地で、「その何年か後」に「地表下何インチかの同じ深さで」その痕跡が見つかったという。ニュージーランドでも、ミミズの活動様式はヨーロッパと同じようだ。J・フォン・ハースト教授(4)の報告を見てみよう。[*46] 雲母片岩からなる海岸近くの区画は、「五、六フィートの黄土で覆われ、その上には厚さ一二インチの腐植土が堆積していた。黄土と腐植土のあいだには、硬い玄武岩で作られた石核、石器、剝片、破片を含む厚さ三〜六インチの層があった」。ということは、かつてある時代に地表に残されたそれら先住民の石器が、ミミズの糞塊によって少しずつ埋められていったのだろう。

イングランドの農民はみな、牧草地の地表に置かれたものならば何でも、やがて姿を消すことを知っている。彼らの言葉を使うなら、せっせと地下に潜ってしまうのだ。ただし、石灰の粉や石炭殻、重い石などが、地表を覆う草の根が形成しているマットをどうやって同じ速さでくぐり抜け、地下に潜るのかは、一度も考えられたことのない疑問かもしれない。[*47]

ミミズの活動による大きな石の沈下

大きな石や角ばった石が地面に置かれれば、当然のことながら、出っ張った部分が支えになる。ところがミミズは、石の下側にできた隙間をじきに糞で埋めてしまう。ヘンゼンが述べているように、ミミズは飲み込んだ土を石の周辺に排泄するようになる。そうした隙間が埋まると、ミミズは石の陰を好むからだ。そのうち、石の真下に掘られていたトンネルが崩壊すると、石のまわりの地面全体が盛り上がる。そのため、石は少しだけ沈む。[*48] したがって、遠い昔に岩山や崖から麓の草地に転がり落ちてきた

---

(3) ジョン・ベンジャミン・ダンサー（一八一二～八七）マンチェスターの発明家、光学機器その他の製造業者。ダーウィンは自著の中でこの観察に言及したことを八一年一〇月二五日に、手紙で伝えている。

(4) ヨハン・フランシス・ユリウス・フォン・ハースト（一八二二～八七）ドイツ生まれの探検家、地質学者。ニュージーランドを探検し、移住。一八六一年にイギリスに帰化。カンタベリー大学地質学教授（一八七六～八七）。一八八六年に叙爵。六一～七九年にかけて文通記録がある。

大きな礫岩は、決まっていくらかは地面に埋まっている。そうした岩をどかすと、その下の目の細かい腐植土には岩の跡がきれいに残っている。しかし、岩が巨大でその下の土が常に乾いた状態だと、そういう場所にミミズは生息しないので、巨石が地面に沈むことはない。

イングランド南東部サリーにあるリースヒルプレイス(5)近くの草地には、かつて石灰《いしばい》窯《がま》があった。私がそこを訪れる三五年前に取り壊され、いずれ何かの用に立つかもしれない大きな石英質砂岩以外の瓦礫は運び去られていた。そこで働いていた老人の話では、大きな砂岩は、窯の土台近くのレンガやモルタルの屑の上に直接乗っていたという。しかし現在は、周囲の地面は草と腐植土で覆われている。三つの砂岩のうちの大きい二つは、窯が取り壊されて以来、一度も動かされたことがなかった。私がそれらをどかそうとしたときは、二人がかりでテコを使う必要があったくらいだから、容易に動かしようもなかったことだろう。そのうちの小さいほうの砂岩は、長さ六四インチ、幅一七インチで、厚さは九～一〇インチだった。岩の下面は、中央がいくらか出っ張っており、レンガやモルタルの屑の上に乗っていた。老人の証言が裏づけられたわけである。レンガ屑の下からは、砂岩の破片がたくさん混ざった自然の砂地が見つかった。その砂地は、岩の重みをさほど受けていなかったようだ。底土がもし粘土質だったとしたら、そうはいかなかっただろう。岩の周囲九インチほどの範囲の地面は、岩に向かってゆるい傾斜をなしていた。岩に近接した部分は、周囲より四インチほど高くなっていた。岩の底は、水平面から一〜二インチほど埋まっており、上面は水平面からは八インチほど、傾斜した草地の縁からは四インチほど上に出ていた。岩をどかすと、尖った角のうちの一つは、当初は地面から何インチか上にあったことがはっきり確認できた。しかし今やその上面が周囲の芝と同じ高さになっていた。岩をどけると、浅い噴火口のような土のへこみに、岩の下面の形状がくっきりと残っていた。そのへこみの表面は、岩の突き出た部分が乗っていたレンガ屑の部分を除き、細かくて黒い腐植土だった。岩とそれが埋まっていた地面の断面を、岩を取り除いた後で行なった測定値を基に、一フィートを〇・五インチにした縮尺で図6に示した。岩の縁に向かってせり上がっている草で覆われた地面の下は細かい腐植土で、部分的に

(5)　ダーウィンの従兄で妻の兄ジョサイア・ウェッジウッド三世が一八四七年に購入して移り住んだ邸宅。その孫にあたる作曲家レイフ・ヴォーン・ウィリアムズ（一八七二〜一九五八）は一八七五年からここで育った。

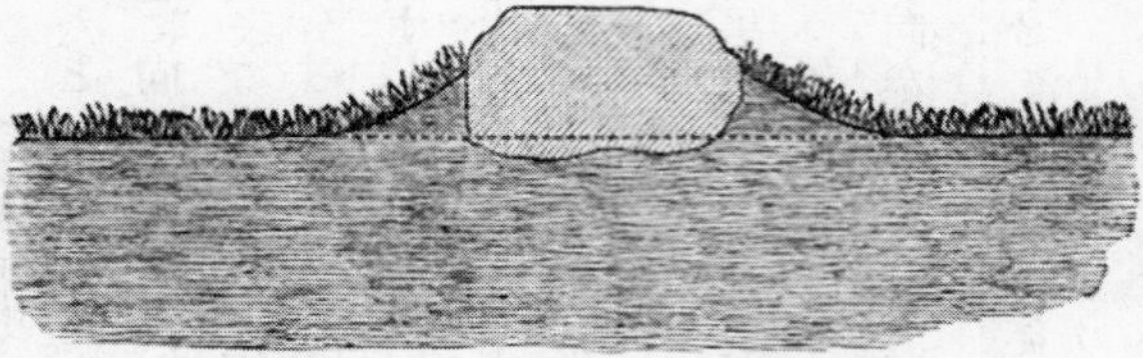

図６　草地の上に35年間乗っていた大きな岩の跡の断面図。A―Aは地面のレベル。その下のレンガ屑は省略してある。縮尺は24分の１。

は厚さが七インチもあった。その腐植土は明らかにミミズの糞塊で、新しい糞塊もいくつかあった。私の見るところ、岩全体は三五年間に一・五インチほど沈んでいた。それは、岩の突き出た部分の下にあったレンガ屑の下がミミズによって掘り崩されたせいであるにちがいない。岩がそのまま放置され、この沈下速度が維持されるとしたら、岩の上面は二四七年でまわりの地面と同じレベルになることだろう。しかし、そういうことになる前に、岩の上にせり上がった草地の縁から糞塊が大雨によって洗い流されることだろう。

二つめの岩は、前述の岩よりも大きい。長さ六七インチ、幅三九インチ、厚さ一五インチである。下面はほぼ平らなので、ミミズは当初から岩の縁から離れたところに糞塊を排泄するしかなかったはずである。その岩は、全体的に二インチほど地面に沈んでいた。この速度だと、上面まで地面に埋まるには二六二年を要することになる。岩を取り囲むようにせり上がった草地の縁は、最初の岩よりも幅が広く、一四〜一六インチだった。しかしなぜそうなのか、私には見当がつかなかった。この縁の部分は、そのほとんどは前者の場合よりも高さが低く、二〜二・五インチだったのだが、一カ所だけ、五・五インチの高さだった。岩に近い部分の平均は、おそらく高さ三インチで、そこからだんだん低くなって高低差ゼロになっていた。ということで、細長くなった岩全体を取り囲めるほどの長さで、幅一五インチ、平均の厚さ一・五インチの細かい土の層は、三五年間に、主に岩の下からミミズが運び上げたものにちがいない。この量は、岩を地面に二インチほど埋めるのに十分だろう。しかも、ミミズが岩に接した傾斜面に排泄した糞塊からかなりの量の細かい土が大雨によって流されてしまった可能性を考えるとなおさらである。岩の近くからは、新鮮な糞塊も見つかった。ところが、岩があった地面に深さ一八インチの大きな穴を掘ったのだが、そこの土質は湿っていて、いかにもミミズが好みそうだったにもかかわらず、わずか二匹のミミズと数本のトンネルしか見つからなかった。岩の下には大きなアリの巣がいくつかあった。もしかしたら、アリの巣ができた時点で、ミミズの数は減ってしまったのかもしれない。

第三の岩は、他の二つの岩の半分ほどの大きさしかない。力のある男の子二人で転がせたほどである。明らかに比較的最近、転がして動かされた形跡があった。他の二つの岩から離れた、ちょっとした斜面の下に位置していたのだ。しかも、レンガ屑の上ではなく、細かい土の上に乗っていた。この結論と一致するように、岩の縁にせり上がった芝の高さは、一インチのところと、二インチのところがあった。岩の下にアリの巣はなく、岩があった地面の下を掘ったところ、複数のトンネルとミミズが見つかった。

ストーンヘンジ(6)では、外側のドロイド石［硬い砂岩でサルセン石とも呼ばれる］のいくつかが、遠い昔に倒れたまま、地面に横たわっている。それらは、まあまあの深さで地面に埋まっている。岩の縁には草地がせり上がっており、その上には最近の糞塊も見られた。長さ一七フィート、幅六フィート、厚さ二八・五インチの倒れている岩のそばで穴を掘ってみたところ、腐植土の厚さは少なくとも九・五インチあった。この深さから、フリントが一つ見つかった。穴の片側の少し上には、ガラスの破片もあった。その岩の下面は、周囲の地面から九・五インチの深さにあった。上面は、地面から一九インチの高さだった。

二番目に大きな岩のそばにも穴を掘ってみた。その岩は倒れたときに二つに割れたらしいのだが、割れた面の風化ぐあいから見て、割れたのはだいぶ昔のことにちがいない。穴から下面の土に鉄串を水平に差し込んで、岩が埋まっている深さは地下一〇インチであることを確認した。岩の縁にせり上がっている草地を形成している腐植土は厚さ一〇インチで、傾斜した草地の上には新しい糞塊がたくさんあった。その腐植土の大半は、地下からミミズが運び上げたものにちがいない。岩から八ヤード離れたところでは、腐植土の厚さは五・五インチしかなかった（深さ四インチのところからはパイプの一部が見つかった）。この腐植土は、岩の重さにも耐えそうな砕けたフリントとチョークの上に堆積していた。

長さ七フィート九インチの倒れていた三番目の岩の上に、まっすぐな棒を（アル

（6）　イングランド南部ウィルトシャーにある紀元前二五〇〇～二〇〇〇年頃の遺跡。巨石が環状に並んでいる。ダーウィンは、一八七七年に念願だった訪問を行なった。

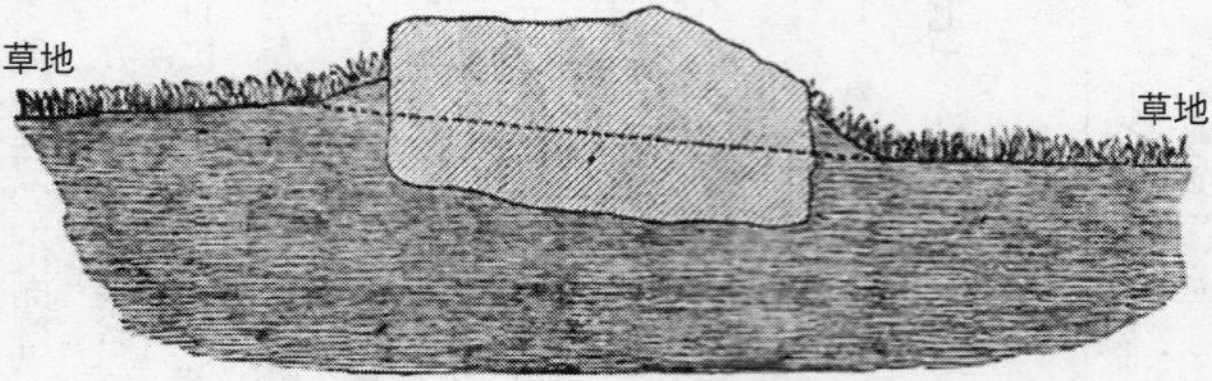

図７　ストーンヘンジの倒れたドロイド石跡の断面図。どれだけ地面に埋まっていたかがわかる。縮尺は24分の１。

コール水準器の助けを借りて）水平に固定した。岩の出っ張りとそれが埋まっている（水平ではない）地面の輪郭を確定し、二四分の一の縮尺で描いた断面図が図７である。岩の縁にせり上がっていた草地の高さは、一つの側が四インチだったのに、反対の側は二・五インチしかなかった。東側に穴を掘ったところ、岩の下面は地平面下四インチで、せり上がった縁の上からは八インチの深さだった。

これで、たくさんのミミズがいる土地の地面に置かれた小さな物体はじきに埋め込まれ、大きな物体もゆっくりとではあるが同じように沈んでいくことを示す十分な証拠が得られた。最初は、地表に転がっている小さな物体の上に、一個の糞塊が偶然乗っかることから始まり、それが草の根にからめとられていき、最終的には腐植土として堆積し厚みを増していくまでのあらゆる段階が追跡可能となった。数年後に同じ場所を再び調査すれば、そのような石や岩はさらに深いところから見つかることだろう。埋め込まれた物体が形成する筋がまっすぐで規則的なことと、それが地表と平行線をなしていることが、この場合のいちばん注目すべき特徴である。この平行性こそ、ミミズがいかに均質な仕事をしたかの証なのである。しかしこの結果は、新しい糞塊が雨水によって洗い流された結果を一部反映している。物体の重さが沈下速度に影響することはない。すかすかの石炭殻や泥灰土、チョーク、石英の砂利など、どれもみな同じ時間をかけて同じ深さに沈んでいることでそれとわかる。リースヒルプレイスの土質は岩のかけらをたくさん含む砂地で、ストーンヘンジは砕けたフリントを含むチョークの瓦礫であること、そしてどちらの場所でも大きな岩の縁は腐植土がせり上がって草で覆われていることを考えると、かなり重い岩ではあるが、その重さが沈下を加速したとは思えない。[*49]

一定面積内に生息するミミズの数

まず最初の話題は、いかに膨大な数のミミズがわれわれの足の下に知られることなく生息しているかである。その次の話題は、ミミズが一定の時間内に一定面積でどれほどの量の土を地表に運び上げているかである。ヘンゼンは、ミミズの習性について、実に興味深い充実した報告をしている。[*50] その中で、ある面積で実際に数えた数値から、一ヘクタールに生息するミミズの数は一三万三〇〇〇匹、一エーカー（〇・四ヘクタール）にすると五万三七六七匹と推定している。この生息数は、ミミズ一匹の重さは三グラム［初版では一グラムとされているが後の版で三グラムに修正］というヘンゼンの基準を採用するなら、一エーカー当たり三五六ポンド（一六一・三キログラム）となる。ただしこの数値は庭で見つかったミミズの数に基づくものであり、庭には穀物畑の二倍の数のミミズがいるとヘンゼンは信じていることを書き添えておこう。この数値は驚くべきものだが、私が目にしてきたミミズの数や、野鳥に毎日食べられていても絶滅することがないことから考えれば、信頼してよいと思う。ミラー氏[(7)]の地所には、酢になればいいということで、できの悪いエールを入れた樽が置いてあった。[*51] しかし酢としてはつかいものにならなかったので、樽はひっくり返されて中身が地面にまかれた。酢酸はミミズにとっては猛毒である。あらかじめ言っておくと、ペリエによれば、ミミズを浸けた相当量の水の中に酢酸に浸したガラス棒を入れたところ、すべてのミミズがたちどころに死んだという。樽をひっくり返した翌朝、「地面に横たわっていたミミズの死体の山は尋常ではなく、ミラー氏は、その場所にそんなにたくさんのミミズがいたことなど、目のあたりにしなければ信じられないほどだったという」。地中に生息するミミズの数は膨大であるというさらなる証拠として、ヘンゼンは、庭の一四・五平方フィートの範囲で六四個の巣穴を見つけたと述べている。すなわち二平方フィートにつき九個の巣穴ということになる。しかし、巣穴はもっと多い場合もある。私がメアホールのそばの草地で穴を掘ったときには、両手いっぱいの乾いた土に、鵞ペンの羽軸ほどの大きさのトンネルが七本も通っていた。

(7)　ここで参照されているダンサーの論文では、ミラーではなくメラーとなっている。メラーはマンチェスターにあるアードウィック石灰鉱山の支配人だった。同鉱山はイギリスの産業遺産となっている。

表2　一つの巣穴の口から排泄された糞塊の重量

⑴　ケント州ダウン（底土はフリントを多量に含む赤い粘土で、チョーク層の上に乗っている）。底土が浅い急峻な谷の斜面で見つけた最大の糞塊。まだあまり乾燥していなかった。	オンス 3.98
⑵　ダウン——⑴で述べた谷の底にあたるやせた牧草地で見つけた最大の糞塊（主に石灰質を含む）。	3.87
⑶　ダウン——35年ほど前に草を植えられたやせた牧草地のほぼ平坦な場所で見つけた、よく見かける大きな糞塊。	1.22
⑷　ダウン——自宅の芝生の斜面で見つけたさほど大きくはない11個の糞塊の平均重量。かなりの長雨にさらされていたため、いくらか重量が減っていた。	0.7
⑸　フランスのニース——海岸近くの低木で防護された芝地の長年草刈りをされていないミミズがたくさんいる場所でキング博士が採集した12個の糞塊の平均重量。石灰質の砂地で、糞塊は採集される前にしばらく雨にさらされていたため、重量を減らしているはずだが、形が崩れるほどまでは崩壊していなかった。	1.37
⑹　上記の12個の糞塊のなかで最大の糞塊。	1.76
⑺　ベンガル低地——J・スコット氏が採集した22個の糞塊の平均重量。氏によれば、一晩か二晩で排泄されたものだという。	1.24
⑻　上記の22個のうちで最大の糞塊。	2.09
⑼　南インドのニルギリ丘陵——キング博士が採集した最大級の５個の糞塊の平均重量。雨季の雨にさらされていたため、重量がいくらか減っているはず。	3.15
⑽　上記の５個のうちで最大の糞塊。	4.34

一つの巣穴から排泄される土の量と一区画内のすべての巣穴から排泄される土の量

ミミズが一日にどれだけの土を排泄するかに関して、ヘンゼンは、葉を与えて飼育していたらしいミミズの事例として、一日当たり〇・五グラムにすぎないと報告している。しかし、野生のミミズは、葉ではなく土を食料とし、深いトンネルを掘る時期にはもっと大量の土を排泄しているはずである。このことは、一つの巣穴の口から排泄された糞塊の量をまとめた表2からほぼ確実となる。いずれの例も、確実な何例かを含めて、比較的間近に排泄されたものである。採集した糞塊は、（特別な一例を除き）日光か暖炉の前で何日もかけて乾燥させた。

この表から、同じ巣穴の口から排泄され、たいていは新鮮でニョロッとした形状を保持している糞塊の乾燥重量は、一般に一オンス〔二八・三グラム〕を超えており、ときには四分の一ポンド（四オンス）にほぼ達するものまであることがわかる。ニルギリ丘陵では一個の糞塊が四分の一ポンドを超えていた。イングランドで最大の糞塊が見つかったのは、きわめてやせた牧草地である。そういう場所の糞塊は、私の観察では、植生が豊かな土地の糞塊よりも一般に大きかった。やせた土地に生息するミミズが十分な栄養を取るためには、肥えた土地にすむミミズよりも大量の土を飲み込まねばならないということのようだ。

キング博士は、ニースで見つけた塔のような糞塊（表2の(5)と(6)）について、一平方フィートにつき五～六個の糞塊を見つけることが多かった。その平均重量を考えると、全部で七・五オンスになる。ということは、一平方ヤードの区画で排泄される土の量は四ポンド三・五オンスになる計算である。キング博士は、一八七二年の年末に、たくさんのミミズが生息する土手の頂上一平方フィートの区画で、ニョロッとした形状を保っている糞塊を、崩れているものも含めてすべて集めた。その場所なら、よそから転げ落ちてくることは考えられない。それらの糞塊は、ニースの雨の季節と乾燥した季節の糞塊の形状を考慮すると、採集日から五、六カ月以内に排泄されたものと判断された。それらの総重量は九・五オンス、一平方ヤード当たりにすると五ポンド五・五オンスだった。その四カ月後、キング博士は同じ一平方フィートの区画上に排泄されていた糞塊をすべて集めた。その重量は全部で二・五オンス、一平方ヤードにつき一ポンド六・五オンスだった。したがって、その場所で一〇カ月間、いや大きく見積もって一年間に排泄された糞塊の量は、一平方フィートにつき一二オンス、一平方ヤードでは六・七五ポンド、一エーカーだと一四・八二トン［原著では一四・五八トン」にもなる。

チョーク層の谷底にある草地（表2の(2)）で、とても大きな糞塊がたくさん見つかった場所に一平方ヤードの区画を設定した。ただしそこ以外の数カ所でも、見つかる糞塊の数はほぼ同じだった。集めた糞塊はどれもみなニョロッとした形状を完全にとどめており、半分乾燥した状態で一ポンド一三・五オンスだった。その草地は、五二日前に農業用の重いローラーがかけられており、その時点で地表の糞塊はすべてぺしゃんこにされたはずである。糞を集めた日の前二、三週間の気候はとても乾燥していた。そのため、新鮮な糞塊や排泄されて間もないように見える糞塊は一つもなかった。したがって、重量を測った糞塊が排泄されたのは、草地にローラーをかけてから四〇日以内、すなわち一二日短い期間内のことと想定してよいだろう。ローラーがかけられる少し前にその草地を調べたときは、新鮮な糞塊がたくさんあった。ミミズは、夏の乾燥した時期や冬の霜が降りる厳しい時期には活動しない。ミミズの活動期間は一年の半分だけとしてみよう。これはあまりに低すぎる推定ではあるが、そうだとすると、この草地でミミズが一年間に排泄する糞塊の量は、一平方ヤードあたり八・三八七ポンド、糞塊の排泄量は一様だとして一エーカーにすると一八・一二トンになる

〔計算では一八・四二トンになるが原文のままとした〕。

ここまでの事例では、必要なデータの一部は推定に頼るしかなかった。しかし次の二例は、もっと信頼に足る結果である。データの正確さについて絶対の信頼を置いているご婦人が(8)、サリーにあるリースヒルプレイス近くの一平方ヤード二区画に排泄される糞塊のすべてを一年間にわたって集めてもよいと申し出てくれた。しかし、集められた糞塊の量は、ミミズが実際に排泄した量よりもいくらか少なめだった。それは、私が何度も観察しているように、激しい雨が降っているさなかかその直前に糞塊が排泄される際には必ず、かなりの量の細かい土が洗い流されるからだ。周囲の草の葉にも、少量ながら糞塊の細かい土が付着していた。そのすべてを剝がして集めるにはたいへんな時間を必要とする。この場合がそうであるように、砂地では、乾燥した天候だと糞塊は砕けやすくなり、多くの砂の粒子が失われた。そのご婦人が一、二週間ほど留守にするときもあり、そのあいだは糞塊が風雨にさらされっぱなしになったため、さらに多くの土が失われたはずである。ただしこの損失分については、一区画についでは四日間、もう一つの区画については二日間、採集日を延長することで補正した。一つの区画は、長年にわたって草刈りと草かきがされてきた広い平坦な草地にした

(一八七〇年一〇月九日)。その区画は南向きだが、木立の陰になる時間帯もあった。そこは、少なくとも一世紀前に、大量の砂岩の大小のかけらと砂地を混ぜて打ち固めて平坦にした土地だった。おそらく最初は、芝で覆われることで保護されていたのだろう。この平坦地は、落ちている糞塊の数から判断して、近隣の草地やそこより高台にある平坦地と比べて、ミミズにはあまり好まれない土地に見えた。すでに述べたように、ここにあれほどたくさんのミミズが生息可能だったことには正直驚いた。穴を掘っても、黒い腐植土の厚さは芝を含めてもわずか四インチで、その下はたくさんの砂岩のかけらを含んだ白っぽい砂地の水平な層だったのだ。糞塊の採集を始める前に、その前からあった糞塊は念入りに取り除いた。最後の採集日は、一八七一年一〇月一四日だった。集めた糞塊は暖炉の前で十分に乾かした。総重量は三・五ポンドきっかりだった。これと同じ土地一エーカーに換算すると、一年間にミミズが排泄する土の乾燥重量は七・六八トン［原著は七・五六トン］になる。

(8)　姪のルーシー・キャロライン・ウェッジウッド(一八四六〜一九一九)　ジョサイア・ウェッジウッド三世の娘。

第二の区画は、リースヒルタワーから少し離れた場所で、海抜七〇〇フィートほどの、囲われていないコモンズに設定した⑨。地表は短くて細かい芝で覆われており、これまで人手が入ったことのない土地である。選んだ地点は、ミミズにとってことさら好ましいともそうではないとも思われない区画だった。しかし、私が頻繁に観察したところによれば、コモンズには糞塊が特に多い。これはもしかしたら、土壌がやせているせいかもしれない。ここの腐植土層は、厚さ三〜四インチだった。この地点は、ご婦人の家からいささか遠かったため、糞塊の採集は、先の平坦地ほど短い間隔では行なえなかった。そのため、雨の多い時期には、第一の区画の場合よりも細かい土の喪失が多くなったはずである。しかも糞塊は砂を多く含んでいたため、乾燥した時期の採集でも、崩れて粉々になってしまい、多くが失われることがあった。したがって、ミミズが実際に運び上げた土の量は、回収された量よりも間違いなくかなり多かった。最後の採集は一八七一年一〇月二七日だった。つまり、区画を設定し、それ以前の糞塊を除去してから三六七日後だった。採集した糞塊を乾かして測ったところ、七・四五三ポンドだった。同質の土地一エーカーに換算すると、一年に一六・三六トン［原著では一六・一トン］の土が排泄されたことになる。

以上四例のまとめ

（一）ニースの一平方フィートの区画に一年以内に排泄された糞塊は、キング博士が集めた量を一エーカーに換算すると一四・八二トンになった。

（二）チョーク層の大きな谷底に位置するやせた草地一平方ヤードの区画におよそ四五日間に排泄された糞塊は、一エーカー当たりの年間排泄量に換算すると一八・四一トンになった。

（三）リースヒルプレイス近くの古い平坦地の一平方ヤードから三六九日間に集めた糞塊は、一エーカー当たりの年間排泄量に換算すると七・六八トンになる。

（四）リースヒルのコモンズの一平方ヤードから三六七日間に集めた糞塊は、一エーカー当たりの年間排泄量に換算すると一六・三六トンになる。

一年間に排泄された糞塊を一様にならした場合に形成される腐植土層の厚さ

前記のまとめのうち、（三）と（四）から、ミミズが一平方ヤードの区画に排泄す

（9）　リースヒルの頂上にある一八世紀に建てられた塔。

る一年あたりの糞塊の乾燥重量がわかる。次は、その量の糞塊を一平方ヤードの区画に一様に広げると、通常の腐植土層としてどれくらいの厚さになるかを知りたいところだ。そこで、乾燥した糞塊を砕いて小さな粒にし、升に入れてよく揺すり、押しつけた。平坦地で集めた糞塊は一二四・七七立方インチになった。これを一平方ヤードの区画に広げると、〇・〇九六三インチ〔原著では〇・〇九六二インチ〕の厚さになる。コモンズで集めた糞塊の量は一九七・五六立方インチで、同じように一平方ヤードに広げれば〇・一五二四インチの厚さになる。

しかし、この厚さについては補正が必要である。粉々にした糞は、個々の粒は密な塊なのだが、それらをよく揺すって押し付けた後でも、腐植土ほど密な層にはならなかったからだ。ただし、腐植土がどれほど密かといえば、それほどでもないことは、腐植土の表面に水をあふれさせると、たくさんの気泡が出てくることでわかる。しかもそこには、細い根がたくさん通っている。では、通常の腐植土を小さな粒に砕いて乾燥させると、容積はどれくらい増えるのだろうか。それをおおよそ確かめるために、いくらか粘土質の腐植土の（芝を剝がした）矩形の塊の容積を測っておいてから、よく乾かして容積を測った。外形の計測だけの判断では、乾燥によって容積は七分の一ほど縮小した。その後で砕き、一部は糞塊を砕いたときと同じ方法で粉末にした。すると、全体の容量が（乾燥によって収縮したにもかかわらず）乾燥前の腐植土の塊の容積の一六分の一ほど増した。したがって、平坦地で採取した糞塊を湿らせて広げたときに形成される層の厚さは、計算値よりも一六分の一だけ減ることになる。つまり、〇・〇九インチに減少することになり、一〇年間では〇・九インチになる。同じ理屈で、コモンズで採取した糞塊は、一年ならば〇・一四二九インチ、一〇年間では一・四二九インチの厚さになる。計算値をザクッと丸めて、一〇年間で堆積する厚さは、平坦地では一インチ、コモンズでは一・五インチとしよう。

この結果を、（本章の前半で説明した）草地の上に置かれた小さな物体が埋め込まれていく速度と比較するために、次のようなまとめをしておこう。

地表に散らばっている物体の上に一〇年間で堆積する腐植土の厚さのまとめ

メアホール近くの乾燥した砂地の草地の表面に一四年九カ月間に堆積した腐植土は、一〇年間だと二・二インチに相当する。

メアホール近くのぬかるんだ草地に二一年六カ月間で堆積した腐植土は、一〇年間だと一・九インチに相当する。

メアホール近くのとてもぬかるんだ草地に七年間で堆積した腐植土は、一〇年間だと二・一インチに相当する。

ダウンのチョーク層の上に広がる粘土質の肥えた牧草地で二九年間に堆積した腐植土は、一〇年間だと二・二インチに相当する。

ダウンのチョーク層の谷あいでは、粘土質のやせた牧草地に転用されてほどない（ミミズにとって何年かはすみにくかった）土地で三〇年間に堆積した腐植土は、一〇年間では〇・八三インチに相当する。

以上の（最後のものを除く）例では、一〇年間にミミズが運び上げる土の量は、実際に測った糞塊の量からの計算値よりもいくらか多そうだということがわかる。この点については、重さを測った糞塊は雨に流された後のものだったこと、粒子が周囲の葉に付着して失われたこと、乾燥した際に砕けたことなどが原因の一部と考えられる。それと、採取して重さを測った糞塊には含まれていないが、通常なら腐植土の量に加算されるミミズ以外の作用で、見逃していることもあるにちがいない。すなわち、地中に穴を掘る幼虫や成虫、特にアリの働きである。モグラが運び上げる土は、一般に腐植土とは見かけが異なっているのだが、時間がたつと見分けがつかなくなる。さらには、乾燥した土地では、風によって運ばれる砂ぼこりの影響も無視できない。ここイングランドでさえ、大きな道路近くの草地では、風が運んだ砂や細かい土が腐植土に混ざっているはずだ。しかしわが国では、ミミズの活動に比べれば、それ以外の作用は重要さにおいてあくまでも二次的なものと思われる。

おとなのミミズ一匹が一年間に排泄する土の量を推し量る手段はない。ヘンゼンの推定は、一エーカーの土地には五万三七六七匹のミミズが生息しているというものだ。しかしこの数値は、庭で見つかったミミズの数に基づくもので、穀物畑ではこの半分くらいだろうという。古い牧草地に何匹のミミズがいるかはわかっていない。仮に上記の半分、すなわち二万六八八四匹［原著では二万六八八六匹］だとしてみよう。前述のまとめから、そういう土地一エーカーで一年に排泄される糞塊の量は一五トンだとすると、一匹のミミズが一年間に排泄する量は二〇オンスになる。すでに見たように、一個の巣穴の口で見つかる大きな糞塊は一オンスを超える。おそらくミミズは、一年間に二〇個以上の大きな糞塊を排泄している。一年間に排泄する量が二〇オンス以上だとしたら、一エーカーの牧草地に生息するミミズの数は二万六八八四匹より少ないことになる。

ミミズが主に生息しているのは、たいていは厚さ四〜五インチから一〇インチ、あるいは一二インチくらいまでの表層の腐植土の中である。そして、ミミズの体内を何度も通過し、地表へと運び上げられるのもこの腐植土である。しかし、ミミズはもっと奥の底土まで潜ることもある。そんなときには、ずいぶん深いところから土を運び上げる。そういうことが、はるか遠い昔から繰り返されてきたのだ。なので、ミミズがせっせと地表に運び上げ続けている細かい土を地中に再び戻す逆の働きが存在しないとしたら、腐植土の表層は、きわめてゆっくりとではあるが、最終的にはミミズが潜ったことのある深さと同じ厚さに達することになる。腐植土がはたしてどれほどの厚さにまで達するものか、私はまだ、観察する機会を得ていない。しかし次章において、古代建造物の埋没について考察する中で、このテーマに関する例をいくつか紹介する。最後の二章では、ごくわずかではあるが、ミミズの働きによって腐植土は実際にその量を増していることを確認する。しかしミミズの主な働きは、土の粗い粒子から細かい粒子をふるい分け、それを植物体の屑と混ぜ合わせて、腸の分泌液に浸すことである。

最後になるが、本章では、地表に置かれた小さな物体は埋められ、大きな岩も沈められるという事実、地面のそれなりの範囲に莫大な数のミミズが生息しているという事実、一つの巣穴の口から排泄される糞塊の量に関する事実、一定の区域で一定期間に排泄される糞塊の総重量に関する事実について論じた。こうした事実に思いをはせるならば、これ以後、自然界においてミミズが重要な役割を果たしていることを、よもや誰も疑いはしないと確信する。

＊41　この事例は、一八三七年に『地質学会紀要』（五巻、五〇五ページ）に載せた私の論文に対する補遺となる。そこには重大な誤りがあった。私が聞いた話のうち、三〇年とすべきところを八〇年としてしまったのだ。しかもその小作人は、泥灰土をまいたのは三〇年前のことだと話していたのだが、実際には一八〇九年だったことがわかった。つまり、私の友人が溝を掘った二八年前のことになる。八〇年という数値に関する誤りについては、「ガーデナーズ・クロニクル」誌（一八四四年、二一八ページ）で訂正済である。

＊42　そうした穴やパイプ状の溝は、今もなお形成されつつある。私はこの四〇年

間に、地面が突如崩落し、直径数フィートの円形で、垂直の壁をもつかなりの深さの穴があいた例を五件見聞きした。私の所有地でもそういうことがあった。畑にローラーをかけているときに穴があき、轅（ながえ）を引いていた馬の後半身がそこに落ちてしまったのだ。その穴を埋めるには馬車二、三台分の土が必要だった。この陥没は、何度かの沈下を経験していた痕跡を残す広い凹みで起きた。長年にわたって羊の洗い場として使われていた浅い水たまりの底に突如穴があき、そこで働いていた人が落ちてとても怖い思いをしたという話も聞いた。この地方一帯に降る雨は、地面にそのまままっすぐに浸透する。ところがチョークは、場所によって雨水の浸透しやすさが異なる。そのため雨水は、粘土質の表土から特定の地点へと向かい、そこではよそに比べて大量の石灰分が水に溶かされる。固いチョーク層の中に細い溝が穿たれることさえある。チョーク層は土地全体でゆっくりと溶けているのだが、その速さは場所によって異なる。すると、雨水に溶けない層――チョーク層の上を覆うフリントを含む赤い粘土の塊――がゆっくりと沈んでいき、溝や空所を塞いでいく。しかし、上層の赤い粘土の部分は、植物の根に支えられていることもあってか、下層の部分よりも長く持ちこたえ、天井を形成した状態になる。それでもそれは、遅かれ早かれ落下する。件の五例ではそういうことが起こったのだ。粘土層の沈下は、氷河の下降にたとえられるかもしれない。ただし、その速さは比較にならないほどのろい。こののろい動きにより、奇妙な事実が説明できる。長いフリントは、チョーク層ではほぼ水平に埋まっているのだが、赤い粘土層では垂直かほぼ垂直に立っているのがよく見かけられるのだ。そういうことがあちこちで見られるため、この土地で働く人たちは、それがフリントの自然な状態なのだと断言しているほどである。垂直に埋まっていたフリントをざっくり測ったところ、私の腕と同じ長さ、同じくらいの太さだった。そうした長いフリントが垂直に立たされるのは、氷河の上で、木材が氷河の運動方向と平行な位置をとるのと同じ原理によるものなのだろう。埋め込まれているフリントは、粘土層のほぼ半分の容積を占め、角が取れていたり摩耗したりはしていないが、砕けているものが多い。これは、埋め込まれている層全体が沈下する間に生じる相互の圧力によるものなのだろう。ちなみに、この土地のチョーク層は、もともと、おそらく第三紀には、完全に丸いフリントの砂利を含む細かい砂の薄い層によって一部覆われていたようだ。そのような砂が、チョーク層にあいた深い穴や割れ目の一部を埋めているのがよく見られるからだ。

＊43　S. W. Johnson, How Crops Feed, 1870, p. 139.
＊44　Nature, November 1877, p. 28.
＊45　Proc. Phil. Soc. of Manchester, 1877, p. 247.

＊46 Trans. of the New Zealand Institute, vol. xii., 1880, p. 152.

＊47 リンゼイ・カーネギー氏はサー・C・ライエルに宛てた（一八三八年六月の）手紙の中で、スコットランドの農民たちは、耕した土地を牧草地に転用する際には、その直前まで石灰をまきたがらないと述べている。石灰をまいた土地は沈みやすいと信じているからだという。カーネギー氏はさらに、「何年か前の秋、私は、刈り取ったオートムギの畑に石灰をまいて鋤き込みました。そうすれば、石灰は枯れた植物体と混ざり、休耕中のあらゆる作業によってますますよく混ざるからです。前述の偏見があるせいで、私はたいへんな間違いをしでかしていると思われたのですが、結果は大成功でした。なので、追従する人たちも出たほどです。ダーウィン氏の観察のおかげで、件の偏見はやがてなくなるだろうと思います」と付け加えている。

＊48 この後すぐ見ていくように、この結論は完全に裏づけられているのだが、意外と重要な意味がある。測量技師が基準点として設置する、いわゆる水準板が時間の経過にともなって基準の用をなさなくなる可能性があるからだ。息子のホーラスは、そういうことがどの程度起こるのかを、いずれ確かめるつもりでいる。

＊49 R・マレット氏は、次のように述べている（Quarterly Journal of Geolog. Soc., vol. xxxiii., 1877, p. 745）。「教会の塔のような重厚な建物の基礎となっている地

面がどれほど圧縮され固められているかという情報は、有益で興味をそそると同時に注目すべきものだ。沈下の程度は、場合によってはフィートで表わすほどかもしれない」。氏はピサの塔を例に出しているが、ピサの塔は「密な粘土」の上に建っていると付け加えている。

＊50 Zeitschrift für wissensch. Zoolog. Bd. xxviii., 1877, p. 354.
＊51 ダンサー氏の論文（Proc. Phil. Soc. of Manchester, 1877, p. 248）を参照。

4章　古代建造物の埋没に果たしているミミズの役割

古代の多くの遺物が保存されるにあたってミミズがいかに貢献しているか、考古学者はおそらく気づいていないことだろう。コイン、金の飾り、石器などは、地表に落下したなら、数年のうちに必ずやミミズの糞塊によって埋められてしまう。そのおかげで、将来のいつか、掘り返される日が来るまで安全に保存されるのだ。たとえば何年も前、シュルーズベリ(1)郊外のセヴァーン川北側の草地が耕されたときのこと、驚くほどたくさんの数の鉄の矢じりが掘り出された。郷土史家のブレイクウェイ氏(2)の理解では、それらは一四〇三年のシュルーズベリの戦いの遺物であり、戦場にばらまかれ

(1)　ダーウィンの生まれ故郷。イギリス最大の川であるセヴァーン川に抱かれた商業都市。ヘンリー四世の軍が反乱軍を破ったシュルーズベリの戦いはシェークスピアの『ヘンリー四世』でも描かれており、有名。

(2)　ジョン・ブリックデイル・ブレイクウェイ（一七六五〜一八二六）　法廷弁護士、聖職者。シュルーズベリの地形と異物に関する著述がある。ダーウィンとの交友記録はない。

たままの状態で見つかったものにまちがいないという。本章では、そのようにして保存されるのは道具類だけではなく、イングランドの古代建造物の遺構の多くもそうであり、それは主にミミズの働きによるものであること、しかもその埋没のしかたはじつにしっかりとしたもので、最近になって見つかったのは、単にさまざまな偶然が重なったおかげであることを示すつもりである。たとえばローマ、パリ、ロンドンなどといった大都市の地下数メートルに埋まっている残骸の層は、下のほうにはじつに古いものも埋まってはいるが、ここでは問題にしない。それらはミミズの働きによるものではないからだ。大都市では、建築、燃料、衣料、食料などに関係して、じつに多くのものが毎日運び込まれているが、道路状況は悪く、ごみ処理の仕事もなかった古代にあっては、運び出されるものの量は比較にならないほど少なかった。そう考えると、この問題を論じたエリー・ド・ボーモンの「入ってくる一〇〇台の荷車に対して一台しか出ていかない」[*52]という言葉に同意できるだろう。そのほか、火事の影響、古い建物の解体、近くの空き地へのごみ投棄なども看過できない。

サリー州のアビンジャー

一八七六年の晩秋のこと、この地の古い農家の庭を二〜二・五フィートほど掘ったところ、さまざまな古代遺物が見つかった。そこでアビンジャーホールのT・H・ファラー氏(3)が、隣接する農地を調べてくれた。溝を掘ると、(赤い小さなタイルの)はめ石(テッセラ)で一部覆われ、崩れた壁で両側が囲まれたコンクリートの層がただちに見つかった。この部屋は、ローマ時代の邸宅の中央広間(アトリウム)か応接間の一部を構成していたと考えられている。[*53]あと二つか三つの小部屋の壁も、後に見つかった。多数の陶器のかけらそのほか、ローマ皇帝が刻印された西暦一三三年から三六一年、もしかしたら三七五年のコインも何枚か見つかった。一七一五年発行のジョージ一世の半ペニー硬貨も一枚見つかっ

---

(3) トマス・ヘンリー・ファラー(一八一九〜九九) イギリス商務省次官(一八六七〜八六)、一八九三年に叙爵して初代アビンジャーのファラー男爵となる。ウェッジウッド家の娘でダーウィンの姪にあたるエフィー・ウェッジウッドと一八七三年に再婚。ダーウィンとは一八三八〜八二年の間に多くの書簡を交わしたほか、ダーウィンはその邸宅アビンジャーホールに好んで滞在した。

たのだが、これは奇妙なことだ。とはいえ、それは前世紀のある時点で地面に落下したもので、それ以来、ミミズの糞塊によって地中深くに埋め込まれるだけの十分な時間があったことはまちがいない。ローマ時代のコインの年代が異なることからは、この建物が長期にわたって居住されていたことがうかがわれる。建物が壊れ放棄されたのは、一四〇〇〜一五〇〇年前のことなのだろう。

私は発掘の開始（一八七七年八月二〇日）に立ち会った。ファラー氏がアトリウムの両端に深い溝を掘ってくれたおかげで、遺跡近くの土壌の性質を調べることができた。その土地は、東から西に、およそ七度の勾配で傾斜していた。二つの溝のうちの一つ（図8参照）は、傾斜の上方すなわち東側に掘られていた。図は二〇分の一の縮尺なのだが、溝の幅は四〜五フィート、深さは一部で五フィートを超えていたので、溝だけは縮小して描いてある。アトリウムの床を覆っていた細かい腐植土の厚さは、一一〜一六インチで、溝の断面図に面した部分は一三インチ強だった。腐植土を取り除くと、ほぼ水平な床が現れた。それでも一部は一度の傾斜があり、外側に近い場所の傾斜は八度三〇分もあった。舗装面を囲む壁はごつごつの石で、溝を掘った部分では厚さが二三インチだった。そこでは、崩れた壁の頂は腐植土に覆われた状態で地表下一三インチにあったが、別の場所では地表下一五インチだった。しかし、ある場所では、壁の頂は地表下六インチのところまで上昇していた。部屋の両端で、コンクリートの床と境界をなす壁の継ぎ目を詳しく調べることができた。そこには、ひび割れもすきまもなかった。この溝が掘られていたのは、隣の部屋（一一フィート×一一フィート六インチ）の中であることが後にわかったのだが、そんな部屋があるとは、私が立ち会ったときには思いもよらないことだった。

埋もれていた壁（W）から最も遠い側の溝の断面では、腐植土の厚さは九〜一四インチだった。その腐植土の下は、大きな石を多数含んだ、厚さ二三インチの黒っぽい土（B）だった。そのさらに下はとても黒い腐植土（C）の薄い層で、その下はモルタルのかけらをたくさん含んだ土の層（D）、再びとても黒い腐植土の薄い（約三インチ）層（E）、固くて黄色い砂泥質の均一な底土と続いていた。厚さ二三インチの層（B）は、おそらく、部屋の床をアトリウムの床と同じ高さになるよう底上げしたものなのだろう。溝の底をなす二つの黒い腐植土の薄い層は、明らかに、かつての二つの地面である。北側の部屋の壁の外側からは、地表下一六インチの深さから、多数の骨、灰、カキ殻、陶器の破片、壊れていないポット一つが次々と見つかった。

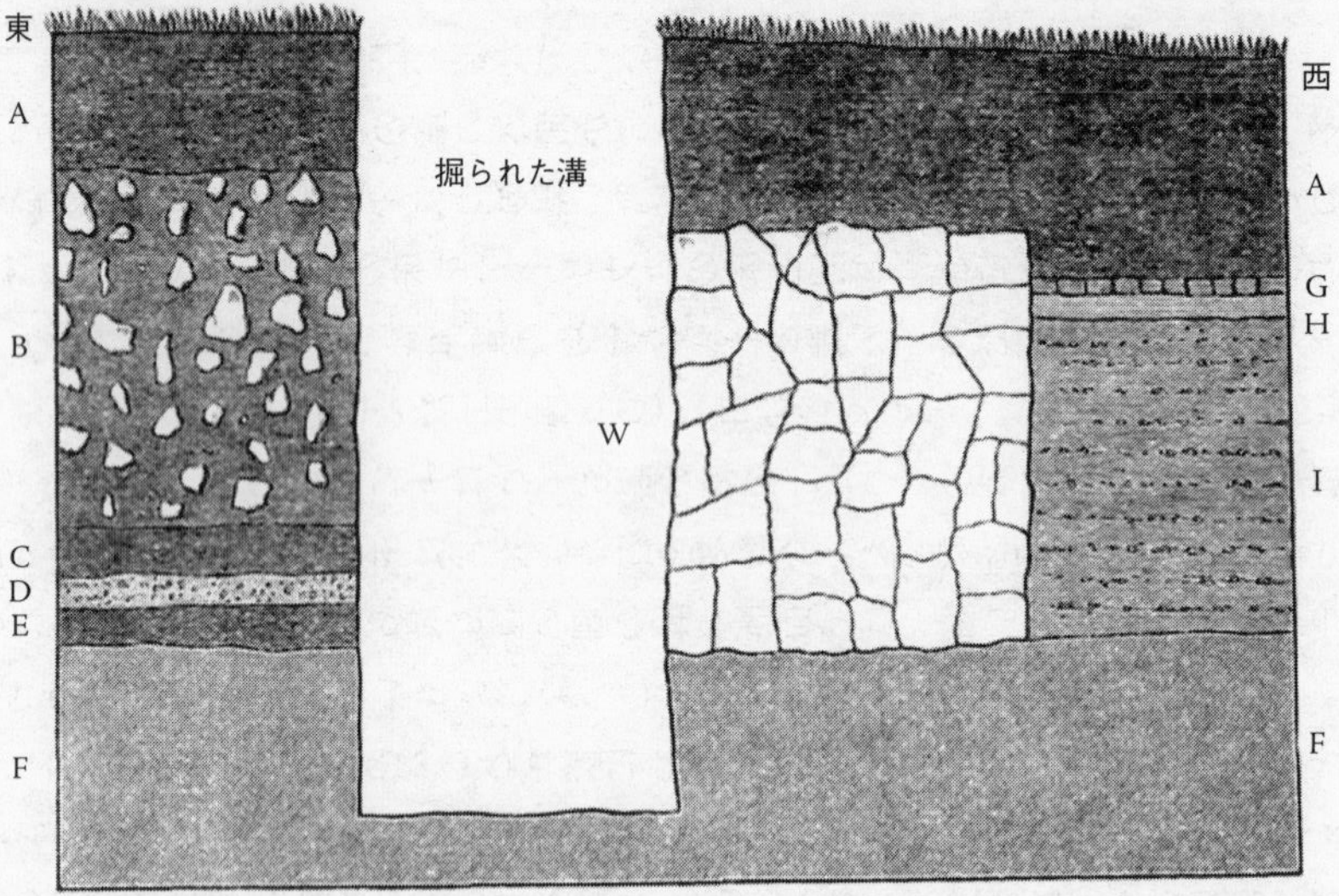

図8　アビンジャーにあるローマ時代の遺跡の埋もれた基礎の断面図。A—A：腐植土、B：たくさんの石を含む厚さ23インチの黒土、C：黒い腐植土、D：壊れたモルタル、E：黒い腐植土、F—F：手つかずの底土、G：テッセラ、H：コンクリート、I：性質不詳、W：埋もれた壁。

もう一つの溝は、邸宅跡の西側すなわち傾斜の下側に掘られた。その部分の腐植土の厚さはわずか六・五インチで、石やタイルの破片、モルタルのかけらなどがたくさん混じった、厚さ三四インチの細かい土の層の上に乗っていた。その下は均一な砂地だった。この土の大半は、農地の上の方から洗い流されてきたもので、石やタイル、モルタルなどのかけらは、すぐ隣の廃墟に由来するものなのだろう。

白っぽい砂地のこの農地は長年にわたって耕されていたはずである。なのに、これまで建物の痕跡が発見されていなかったことは、一見驚くべき事実に思える。ローマ時代の邸宅の遺跡が地表下すぐのところに埋まっているとは、誰も想像すらしていなかったのだ。しかし、農場管理人の言どおり、この土地が四インチより深くまで耕されたことはなかったことを知れば、その驚きも薄れる。最初に耕された時点で、舗装面とそれを囲む崩れた壁が、少なくとも四インチの土で覆われていたことは確実である。さもなければ、砕けたコンクリートの床には鋤による傷がつき、テッセラは剝がされ、壁の頂は打ち砕かれていたはずだからだ。

コンクリートとテッセラの部分が、まずは一四×九フィートの範囲できれいにされた。この時点では、踏み固められた土で覆われた床にミミズの巣穴の跡は見当たらなかった。上を覆う細かい腐植土は、まちがいなくミミズが堆積させた場所の腐植土とよく似ていた。しかし、その腐植土が、見た目にもしっかりした床の下からミミズが運び上げたものとは、とても思えなかった。また、部屋を囲み、コンクリートともしっかりつながっている厚い壁の下を掘ったのはミミズであり、それによって壁を沈下させ、糞塊でその上を覆ったのもミミズだということも、きわめてありえないことのように思えた。なので、遺跡の上を覆う細かい腐植土は、すべて上方の畑から洗い流されてきたものだというのが、私が下した最初の結論だった。斜面の上の畑から激しい雨によって細かい土が流されて来ていることはたしかである。しかし、この後すぐに述べるように、私の最初の結論は明らかに間違っていた。

当初、コンクリートの床にミミズが開けた穴は見あたらなかった。ところがその翌朝、土が七カ所で少しだけ持ち上げられていた。そこは、コンクリートが剝がれた柔らかい部分、あるいはテッセラの隙間を貫通しているミミズの巣穴の口の上だった。三日目の朝には、二五個の巣穴が確認できた。持ち上げられていた小さな土の塊を突然持ち上げたところ、あわてて引っ込むミミズの姿が四カ所で確認できた。三日目の夜のあいだに、床の上に二つの大きな糞塊が排泄されていた。時期的には、ミミズが活発に活動するには不向きな季節だった上に、やがて天候も暑く乾燥してきたので、大半のミミズは深く潜っていた。二つの溝を掘っているあいだにも、地表下三〇～四〇インチの範囲でたくさんのトンネルと何匹かのミミズに遭遇した。しかしそれよりも深いところでミミズを見かけることは少なくなった。ただし、四八・五インチと六五・五インチの深さで、それぞれミミズがちょん切られていた。深さ五七インチと六五・五インチのところでも、真新しい腐植土に内張りされたトンネルに出合った。それよりも深いところでは、トンネルもミミズも見かけなかった。

一四×九フィートほどのアトリウムの床の下に、はたしてどれくらいの数のミミズがいるのか、私はぜひとも知りたかった。その意を汲んで、ファラー氏がその後七週間にわたり、観察してくれた。ちょうどその頃には、周辺のミミズは活動の最盛期を迎え、地表近くを動きまわるようになっていた。ミミズが好んで生息する表層の腐植土を取り除いた後の狭いアトリウムに、周囲の畑から移動してくるということはとてもありそうにない。したがって、続く七週間にそこで見つかるトンネルや糞塊は、その前からそこにすんでいたミミズの仕事であると結論してよいだろう。以下は、ファラー氏の観察ノートからの抜粋である。(4)

一八七七年八月二六日　床の表層土を取り除いてから五日目。前夜、激しい雨が降ったため、床がきれいに洗われ、四〇個の巣穴の口を数えた。コンクリートの部分は固そうに見える。そこにミミズの穴はなく、雨水がたまっている。

九月五日　床の表面に、前夜、ミミズが這った跡が見つかった。ニョロッとした五つか六つの糞塊が排泄されていた。形が崩れていた。

九月一二日　ここ六日ほど、周辺の畑にはたくさんの糞塊があったのに、ミミズの活動は活発ではなかった。しかし、この日は、新しい一〇カ所で、巣穴の口の上の土が盛り上がっていたり、糞塊が排泄されていた。糞塊の形は崩れていた。新しい巣穴といっても、たいていそれは古い巣穴が再開されたという意味にすぎないことを認識しなければならない。

ファラー氏は、土が排泄されていないときでも、ミミズが古い巣穴を再び再開する根気強さに何度も驚いている。私も同じことをたびたび目撃している。ふつう、巣穴の口は、小石や小枝、葉などを積み上げることで守られている。ファラー氏も、アトリウムの床下にすむミミズが頻繁に大きな砂粒を集め、見つけることのできたそれらの小石で巣穴の口を取り囲んでいるのを観察している。

九月一三日　しとしと雨。三一カ所で、巣穴の口は、再び開けられるか糞塊が排泄されていた。形はみな崩れていた。
九月一四日　三四の新しい巣穴ないし糞塊。糞塊はみな崩れていた。
九月一五日　四四の新しい巣穴、糞塊は五つだけ。みな崩れていた。
九月一八日　四三の新しい巣穴と八つの糞塊。みな崩れていた。周辺の畑で見つかる糞塊は相当な数になっている。
九月一九日　四〇の巣穴と八つの糞塊。みな崩れている。
九月二二日　四三の巣穴とわずか数個の新鮮な糞塊。みな崩れていた。
九月二三日　四四の巣穴と八つの糞塊。
九月二五日　五〇の巣穴、糞塊の数記載なし。
一〇月一三日　六一の巣穴、糞塊の数記載なし。
その三年後、私の依頼で再びコンクリートの床を調べてくれたファラー氏は、ミミ

(4)　ファラーはこの観察記録を「ミミズ日誌 worm journal」と称し、一八七七年九月二三日以降の手紙でダーウィンに知らせている。

ズがなおも活動中であることを確認した。

ミミズの筋力の強さはわかっていたし、コンクリートとはいえ、多くの箇所が軟弱になっていたのを確認していたため、ミミズのトンネルがコンクリートの床を貫通していることに驚きはなかった。それよりも、その部屋を囲む厚い壁のざらざらした石の隙間を埋めるモルタルをミミズが貫通していたというファラー氏の報告は驚きだった。八月二六日、すなわち遺跡が発掘されてから五日後、東側の壁（図8のW）の崩れた頂に四つの巣穴の口が見つかったのだ。九月一五日には、同じような場所に別の巣穴も見つかった。溝の垂直の断面（図8で示されているより深い箇所）に、古い壁の基部よりもはるか下まで斜めに続く新しいトンネルが三つ見つかったことも、注目すべきことだろう。

そういうわけで、二つのことが確認できた。すなわち、遺跡が発掘された時点で、アトリウムの床と壁の下には多数のミミズが生息していたこと。そして、それ以後ほぼ毎日、ミミズは地中のかなり深いところから地表へと土を運び上げていたことである。コンクリートの床が、ミミズがそれを貫通できるほど崩壊した時期以降、ミミズがそういうふうに活動してきたことを疑う理由は微塵もない。それ以前でさえ、床に雨がしみ込むようになり、その下の土が湿り気を帯びるようになった後は、ミミズはすぐに床下にすみついたのだろう。そうやって、床と壁の下は掘り続けられてきたにちがいない。そして、床や壁の上には、細かい土が何世紀にもわたって、おそらくは一〇〇〇年ほど、積み上げられてきたにちがいない。床と壁の下のトンネルは、昔も現在と同じくらいたくさんあった可能性がある。したがって、その間に、先に説明したようなしかたでトンネルが崩壊していなかったのだとしたら、下の土は海綿のように穴だらけになっていたはずである。ところが実際にはそうなってはいないので、トンネルは崩れたものと思われる。何世紀にもわたってそのような崩壊が続いた結果、床と壁はゆっくりと沈んでいき、積み上げられるミミズの糞塊の下に埋め込まれていくことになる。床が沈下しているということは、それがほぼ水平を保っているかぎり、一見ありえないことのように見える。しかし、畑の上にばらまかれていたものが、数年のうちに地下十数センチに埋め込まれ、地表とほぼ水平な層をなすという事実を考えれば、実現困難なことではない。私は、わが家の芝生の下に平らな舗道が埋め込まれるのを自ら観察したが、これも同じ現象である。コンクリートの床のうち、ミミズが貫通できなかった部分も、リースヒルプレイスやストーンヘンジの巨岩のように、ほぼ確実に埋没し沈んでいくことだろう。コンクリートの下の土は湿っているからである。しかし沈下の速さは、部分によって異なってくるので、床は水平ではなかった。仕切り壁の基礎は、断面図でわかるように、地表下すぐのところにある。したがって、それは床とほぼ同じ速さで沈んでいくことになった。壁の基礎が深かったとしたら、そういうことにはならなかったことだろう。これから紹介するローマ時代の他の遺跡の場合がそうだった。

以上のことから結論できるのは、場所によっては一六インチもの厚さで館の床と崩れた壁を覆っている細かい腐植土の大半は、ミミズが地中から運び上げたものであるということだろう。これからあげる事実からまちがいなく言えるのは、ミミズが運び上げた細かい土の一部は、激しい雨が降るたびに畑の斜面を流れ下っていくということだ。それがなければ、遺跡の上に堆積した状態で掘り出された腐植土の量は、もっと多かったはずである。しかし、ミミズの糞塊、昆虫が運び上げた土、砂塵が堆積した分などのほかにも、畑が開かれて以来、畑の上方から遺跡の上に流されてきてたまった細かい土も多かったことだろう。それと、遺跡の上から斜面の下方に流れ出した分との差し引きなど、現在の腐植土の厚さはそうしたいくつもの作用がはたらいた結果なのだ。

英国地質調査所所長のラムジー氏[5]が私に一八七一年に報告してくれた、舗道の沈下に関する現在の例も追加しておこう。ラムジー氏の屋敷には、庭に通じる、長さ七フィート、幅三フィート二インチの屋根のない通路があり、ポートランド石の石板で舗装されていた。石板のサイズは、一六インチ四方のもののほか、それより大きいものも小さいものもあった。その舗道は、通路の中央に沿って三インチほど、両側が二インチほど沈下していることが、もともと石板が壁に接続されていたセメントの跡で確認できた。そのため、舗道は中心線に沿ってややへこんだ状態になっていたが、屋敷に近い側での沈下はなかった。ラムジー氏がこの沈下の原因に思い至ったのは、石板の継ぎ目の線に沿って黒い腐植土の糞塊が頻繁に排泄されているのを観察するようになってからのことだった。それらの糞塊は、いつも掃き捨てられていた。継ぎ目の線は、横の壁とのあいだの継ぎ目の線も含めて、全長三九フィート二インチだった。

(5) アンドリュー・クロンビー・ラムジー（一八一四〜九一）　地質学者、英国地質調査所所長（一八七一〜八一）。八一年に叙爵。一八三一〜八一年の間に三八通の書簡を交わした記録がある。

舗道が修復された形跡は見当たらず、屋敷が建てられたのは八七年ほど前だといわれている。以上のような状況を考えあわせたラムジー氏は、次のように確信するに至った。通路が舗装されて以来、あるいはむしろ、継ぎ目のモルタルが崩壊してミミズが顔を出せるようになって以来、ということは八七年よりもずっと短い期間にミミズは、前記のような舗道の沈下を十分に引き起こせるほどの量の土を運び上げた。ただし、建物近くの場所は、土がいつもほとんど乾燥した状態だったため、沈下しなかったのだ。

ハンプシャー州のビューリー・アビー

この修道院（アビー）は、ヘンリー八世によって解散させられたもので、現在は、南側側廊の壁の一部しか残っていない。ヘンリー八世は、城塞建築のために、石材の大半を持ち去ったといわれている。たしかに、石はなくなっている。身廊と交差廊の位置は、それほど遠くない昔に、基礎が見つかったことで確定された。その場所は、現在、地面に置かれた石で示されている。修道院がかつて建っていた場所は、今は、周辺の草地とあらゆる点で変わらない平坦な草地となっている。とても高齢の管理人の言によれば、自分の代では地表が均されたことはないという。一八五三年にはバクルー公[6]が、身廊西端の芝生に数ヤード間隔で三つの穴を掘らせた。すると、修道院の古いモザイク式の舗道が見つかった。掘られた三つの穴は、その後、レンガで囲って上げぶたを取り付けることで、舗道の点検が容易にできる保護策がとられた。一八七二年一月五日、私の息子ウィリアムが現場を調べた。三つの穴で見つかる舗道は、それぞれ、周囲の芝生の表面下、六・七五インチ、一〇インチ、一一・五インチだった。件の老管理人は、舗道の上からミミズの糞塊を掃除しなければならないことが何度もあり、半年ほど前にも掃除したと請け合った。ウィリアムは、穴の一つから糞塊をすべて採集した。五・三二平方フィートの範囲から七・九七オンスの糞が集まった。半年でこの量になったとしたら、一年間で一平方ヤードにたまる糞塊の量は一・六八ポンドになる。しかしこれは、少なくない量ではあるが、これまで見てきたように、草地やコモンズで排泄されている量に比べるととても少ない。一八七七年六月二二日に私が修道院を訪ねたとき、あの老管理人は、一月ほど前に穴の中の舗道の掃除をした

(6)　ウォルター・フランシス・モンタギュー・ダグラス・スコット（一八〇六〜八四）政治家。第五代バクルー公爵。英国科学振興協会会長（一八六七）。ダーウィンとの文通記録はない。

ばかりだと語った。しかしそれにしては、立派な糞塊がたくさんあった。管理人は、実際よりも頻繁に舗道の掃除をしているると思い込んでいるのではないかというのが、私の推理である。なぜならそこは、いくつもの点で、ほどほどの量の糞塊が堆積することにさえ不向きな条件だったからである。タイルは五・五インチ四方と大きめで、タイルの隙間を埋めるモルタルはほとんどの箇所で堅牢なままであるため、ミミズが下から土を運び上げられる箇所は限られていたのだ。タイルはコンクリートの土台の上に乗っていた。そのせいで、糞塊の中身は、モルタルの粒、砂粒、岩やレンガ、タイルの屑が多め（三三分の一九の割合）だった。そのような石屑などは、ミミズにとって決して好ましいものではなく、栄養にもならない。

ウィリアムは、修道院のかつての壁の内側で、前述のレンガで囲った穴から数ヤードの距離にいくつか穴を掘った。他のいくつかの場所でもタイルは見つかっていたのだが、ウィリアムは見つけられなかった。そのかわり、一カ所で、かつてタイルが乗っていたコンクリートに遭遇した。穴の側面で調べると、芝生の下の細かい腐植土の厚さは、二～二・七五インチの幅があった。この腐植土層は、モルタルの破片と砂利の隙間に黒い腐植土が詰まった八・七五インチから一一インチ以上の層の上に乗っていた。修道院から二〇ヤードほど離れた周囲の草地には、一一インチの厚さの細かい腐植土層があった。

これらの事実から結論できることは、修道院が破壊され、石材が持ち去られたとき、地表全体に残骸が層をなした。そして、崩れたコンクリートとタイルの継ぎ目をミミズが貫通できるようになるや、ミミズたちはゆっくりと、上を覆う瓦礫の隙間を糞塊で埋めていったのだ。後にそれは、地表全体を三インチ近い厚さで覆うことになった。この腐植土に石の破片のあいだを埋める腐植土を足すと、五〜六インチほどの腐植土がコンクリートやタイルの下から運び上げられたことになる。そして結果的に、コンクリートやタイルはその下に沈むことになった。側廊の支柱の基礎は、現在、腐植土と芝生の下に埋まっている。ミミズがそれらの基礎の下を掘り崩したという可能性はない。支柱の基礎は、どう見てもかなり深いからだ。基礎の沈下がなかったとしたら、支柱の石材はかつての床よりも下からも持ち去られたに違いない。

グロスターシャー州チェドワース

太古から森に覆われていた土地で、一八六六年に、ローマ時代の大きな屋敷跡が見つかった。猟場番人がウサギの穴を掘っていて見つけるまで、そこに古代の建物が埋まっていることなど、誰も思いもよらなかった。[*54] ところがその後、森の一部から、石壁の頂部がいくつか地面から突き出ているのが見つかった。見つかったコインのほとんどは、ローマ皇帝コンスタンス一世（西暦三五〇年没）とコンスタンティヌスの御世のものだった。息子のフランシスとホーラスは一八七七年一一月にその地を訪れた。この広大な遺跡の埋葬でミミズが果たした役割を確認するためである。しかし現場の状況はそれどころではなかった。遺跡の三方はかなり急峻な土手に囲まれており、雨の季節にはそこを土砂が流れ落ちていたのだ。しかも発掘された部屋のほとんどには、美しいタイルを敷きつめた床を保護するための屋根が設置されていた。

それでも、この遺跡を覆う土の厚さに関して、いくつかの事実がわかっている。北側の部屋のすぐ外には壊れた壁があり、その頂部は五インチの黒い腐植土で覆われていた。これまで一度も掘り返されたことのないその壁の外側の場所に穴が掘られ、黄色い粘土の底土の上に、たくさんの石ころを含んだ厚さ二六インチの黒い腐植土が見つかった。地表から二二インチの深さからブタの顎骨とタイルの破片が見つかった。最初の発掘時には、遺跡の上に大きな木が生えていた。浴室に近い境界壁の上には、上を覆っていた土の厚さを示すための切り株がそのまま放置されていた。その部分の土の厚さは三八インチだった。きれいに発掘された後も屋根で覆われずにいた小部屋で、息子たちは、壊れたコンクリートを貫通しているミミズの穴を調べ、コンクリートの中に生きているミミズを一匹見つけた。屋根のない別の部屋でも、床の上にミミズの糞塊が見られた。その床には、ミミズの働きでいくらかの土が堆積し、そこに草が生えていた。

ワイト島のブレイディング

一八八〇年にこの地でローマ時代のすばらしい屋敷跡が見つかった。その年の一〇月末には、一八室あまりの部屋がその姿を現した。見つかったコインの年号は西暦三三七年だった。ウィリアムは、発掘完了前にそこを訪れた。ウィリアムの報告によれば、部屋の床の大半は、当初、たくさんの廃物や落下した石で覆われ、その隙間は腐植土で完全に埋められていた。しかも、その上を、作業員の話では、石を含まない腐植土が覆い、そこにはたくさんのミミズがいたという。腐植土全体の厚さは、ほとんどの場所で、三～四フィート以上だった。とても大きな部屋の一つでは、上を覆っていた土の厚さは、二フィート六インチしかなかった。この土を取り除くと大量の糞塊がタイルのあいだに毎日排泄され、こまめに掃除しなければならないほどだった。大半の床は、ほぼ水平だった。壊れた壁の頂を覆っていた土は、場所によっては四〜五インチの厚さで、壁にときおり鋤があたるほどだった。しかし、それ以外の場所では、一三〜一八インチの厚さだった。それらの壁の下をミミズが掘って沈下させることができたということはありそうにない。壁が乗っている基礎は、ミミズがトンネルを掘れそうにない固い赤砂だからである。しかしウィリアムは、床下暖房の壁石のあいだを埋めるモルタルにミミズの穴がたくさんあいているのを見つけた。この遺跡は、勾配三度の土地に立地しており、そこは昔から耕作されていたようである。したがって、相当量の細かい土が上方の畑から流れ込み、遺跡の埋没に大いに手を貸したと考えてまちがいないだろう。

ハンプシャー州シルチェスター

この地にあるローマ時代の小さな町の遺跡は、イングランドの同種の遺跡のなかでは保存状態がいちばんよい。現在、一軒の農家と教会が建っている一〇〇エーカーほどの耕作地の周囲を、大半の部分の高さが一五〜一八フィートの壊れた壁が、一・五マイルにわたって取り囲んでいる。[*55]かつて、気候が乾燥していた当時は、埋没した囲壁の位置が、作物の作付け状況から線上にたどることができた。最近、故J・G・ジョイス師[(7)]の指揮の下、ウェリントン公によって大規模な発掘が実施され、大きな建物が多数見つかった。ジョイス氏は、発掘作業を進める中で、詳しい断面図を作成し、廃物の層の厚さを測定した。しかもありがたいことに、断面図を何枚も送ってくれた。それだけでなく、わが息子フランシスとホーラスが遺跡を訪れた際には、二人を案内し、いろいろなデータを提供してくれた。

ジョイス氏の推測は、この町にはローマ人が三世紀ほど住んでいたというものだ。それだけの期間なので、大量の物資が町の中に蓄えられたはずである。破壊の原因は火災だったらしく、建築資材の石の大半は、それ以後に持ち去られた。そうした事情から、遺跡の埋没にあたってミミズがどれだけの役割を果たしたかを突き止めるのは

(7) ジェイムズ・ジェラルド・ジョイス(一八一九〜七八) 聖職者、考古学者。ハンプシャー、ストテフィールド・シャイーの教会主管者。シルチェスターのローマ遺跡発掘責任者。ダーウィン宛ての一八七七年一一月付の二通の手紙が残されている。

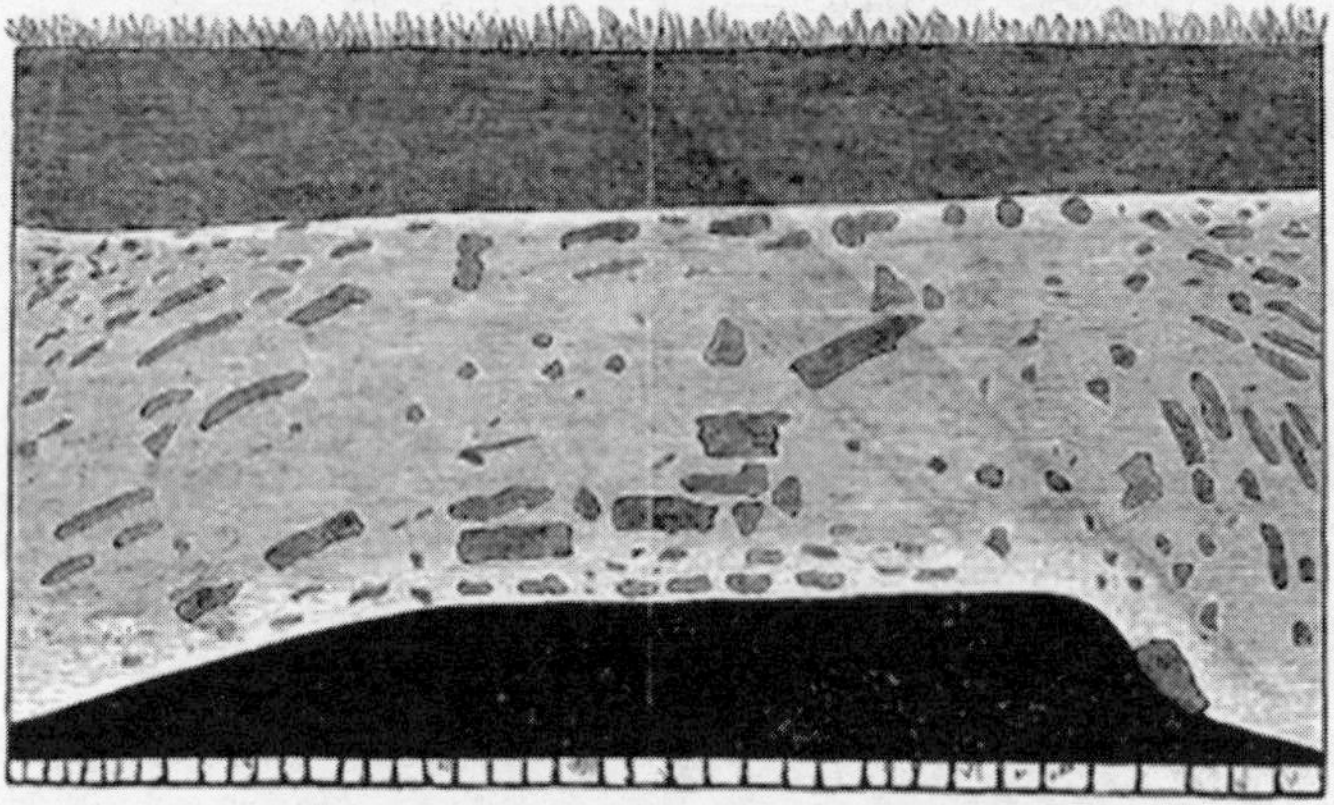

図9　シルチェスターで発掘されたバシリカ聖堂内の部屋の断面図。縮尺は18分の1。

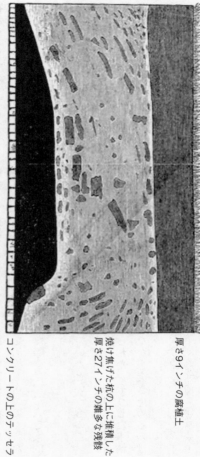

やっかいである。しかし、古代の町を覆い隠している廃物の詳細な断面図が作製されたことは、これまでイングランドにおいてまずないか稀なことなので、ジョイス氏が作製した断面図のうちで最も特徴的な部分のコピーを紹介する。すべてを紹介するにはあまりにも長大な図なのだ。

現在は「商人の広間」と呼ばれているバシリカ聖堂内の部屋を東西に横切る長さ三〇フィートの断面図がある（図9）。まだ一部タイルで覆われている固いコンクリートの床が、水平な畑の下三フィートから見つかった。床の上には焼け焦げた二本の大きな杭が横たわっていた。そのうちの一本が、図9に描かれている。この杭は、ぼろぼろになってはいるが白い化粧漆喰で薄く覆われていた。その上を、割れたタイル、モルタル、屑、細かい砂利がまぜこぜになった二七インチの層が覆っている。ジョイス氏の考えは、その砂利はモルタルかコンクリートに使われていたもので、石灰が溶けたせいで砂利だけが残ったというものである。屑が散らばっているのは、建築資材の石を探して荒らされたせいかもしれない。この層の上には、厚さ九インチの細かい腐植土が乗っていた。こうした事実から引き出せる結論は、広間は焼け落ち、床に落下した大量の屑のあいだからミミズが腐植土をゆっくりと運び上げ、現在の水平な地

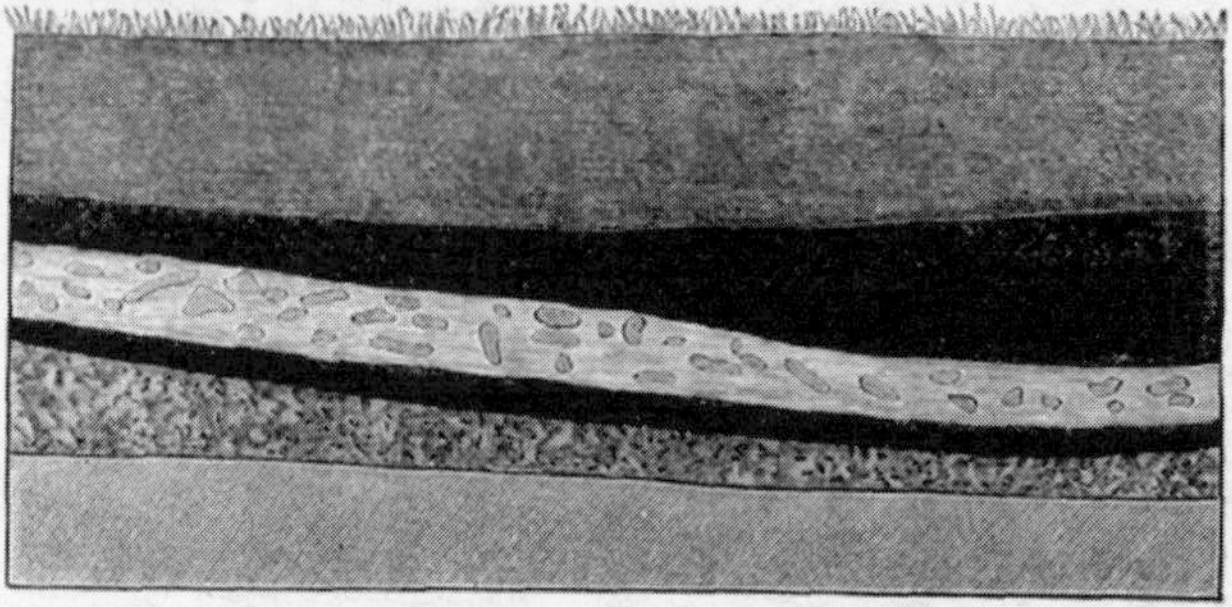

図10　シルチェスターで発掘されたバシリカ聖堂内広間の断面図。縮尺は32分の１。

表を形成したというものだ。

バシリカ聖堂内の、エヴァリウムと呼ばれる別の広間を横切る長さ三二フィート六インチの断面図が図10である。ここでは、二回の火災が間隔を置いて発生し、その間に「割れたタイルやモルタルとコンクリート」からなる厚さ六インチの層が堆積した証拠が見て取れる。焼け焦げた木材を含む層の一つの下から、鷲のブロンズ像というお宝が見つかった。このことは、兵士たちは大混乱の中で任務を放棄したことを物語っている。ジョイス氏が亡くなったため、ブロンズ像が見つかったのは二つの層のうちのどちらの下からなのかは確かめられなくなった。もともとの床を形成していたのは、乱されていない砂利の上を覆う石屑の層であると思われる。その床は、広間の壁の外にある回廊の床と同じレベルにあるからだ。ただしその回廊は、図10では描かれていない。腐植土の厚さは、いちばん厚いところで一六インチだった。植物で覆われた土地の地表から乱されていない砂利までの深さは四〇インチである。

図11に示した断面は、町の中心部で行なわれた発掘のものである。これを紹介した理由は、ジョイス氏によれば、「肥えた腐植土」の層が二〇インチという異例の厚さに達しているからである。砂利の層は、地表下四八インチにあった。しかしそれがそ

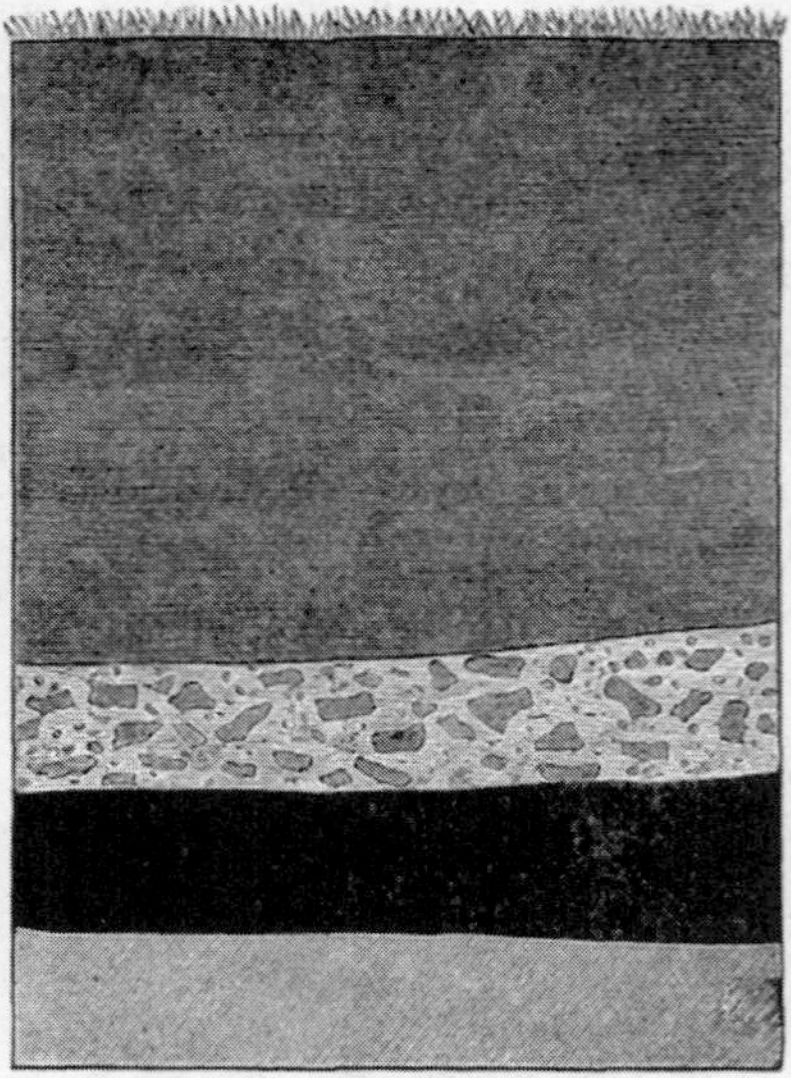

図11　シルチェスター中心部の発掘現場の断面図。

の自然な状態なのか、他の場所でそういうことがあるように、そこに持ち込まれて固められたものなのかは判然としなかった。

図12の断面図はバシリカ聖堂の中心のものである。五フィートの深さだが、自然の底土にはまだ達していない。「コンクリート」と記された層は、おそらくはかつての床にあたる。その層の下は、さらに古い建物の痕跡と思われる。ここの腐植土の厚さはわずか九インチだった。ここでは紹介していない別の断面図からも、古い遺跡の上に建物が建てられていたことを示す証拠が見て取れる。一つの例では、残骸を含む二つの層――下の層はタイルを貼った床の上に位置する――のあいだに、厚さが均一ではない黄色い粘土層があった。壊れた古い壁をざっくりと崩して均し、仮設の建物の基礎に利用したことがあったように見受けられる。ジョイス氏の考えは、そうした建物は泥壁の小屋だったというものだ。そう考えれば、前述した粘土層の説明がつく。

さしあたっての関心事に話を移そう。いくつもの部屋の床でミミズの糞塊が見つかっている。そのうちの一つの床のタイルは、この上ないほど完全な状態だった。床のタイルは、一インチ四方の固い砂岩で、ゆるんでいたり、わずかに突き出ているものが何枚もあった。ゆるんだタイルの下には、一つ、場合によっては二つのミミズの

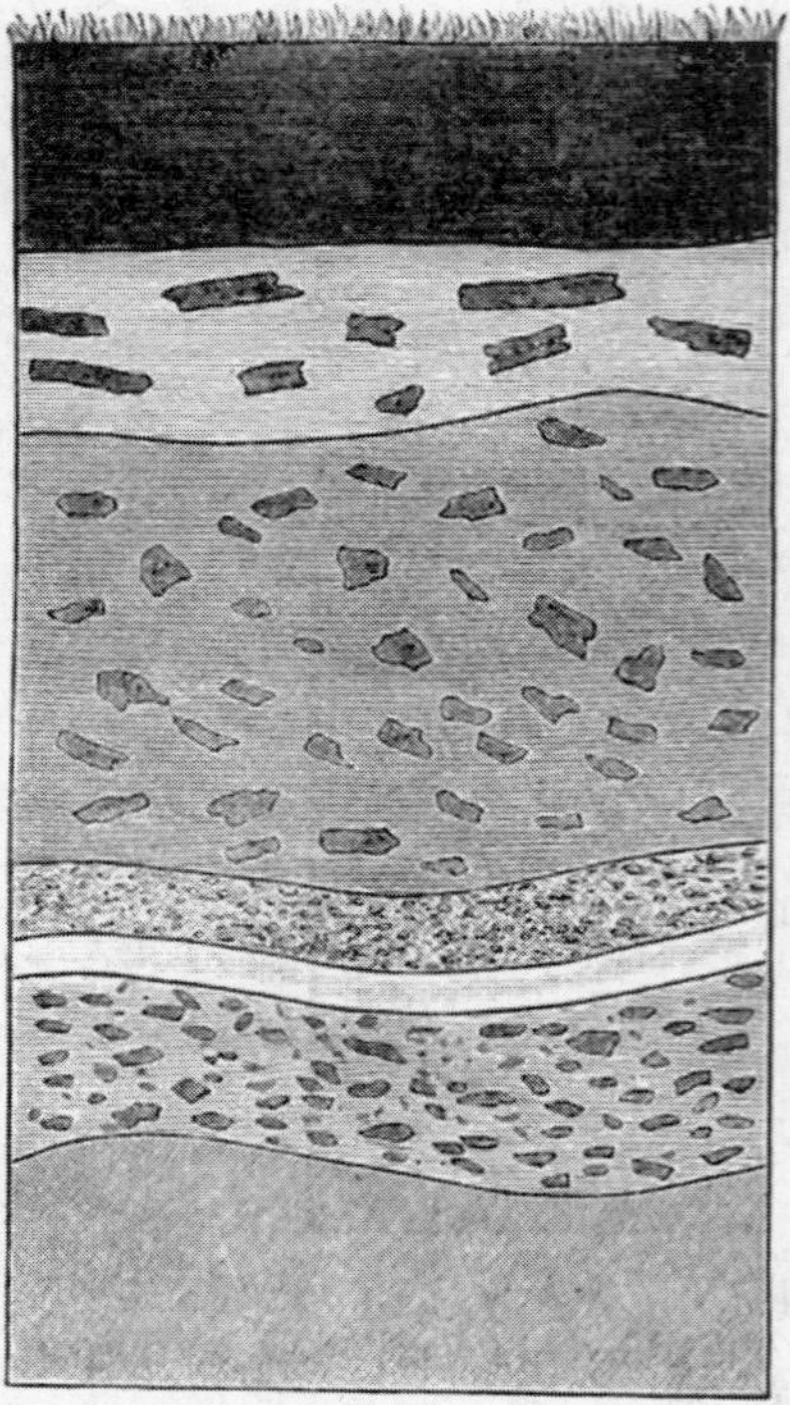

図12　シルチェスターで発掘されたバシリカ聖堂中心部の断面図。

穴が見つかった。遺跡の古い壁にもミミズが侵入していた。進行中の発掘によって露出したばかりの壁を調べてみた。材料は大きなフリントで、厚さは一八インチだった。一見すると堅牢そうだったが、基部の土を取り払ったところ、下の部分のモルタルがひどくいたんでおり、フリントが自重で落下した。そこでは、壁のまん中、古い床の下二九インチ、周囲の土地からは四九・五インチ下にあたる部分で、生きているミミズが一匹見つかった。そこのモルタルには、何個ものトンネルが貫通していた。

第二の壁が初めて人目にさらされたとき、崩れた頂にはトンネルの口が一つ見つかった。フリントを除いたところ、そのトンネルは壁の奥まで続いていた。しかし、互いにしっかりとくっついたフリントがいくつもあったため、フリントを取り除いているうちに全体が崩れてしまった。そのため、トンネルが底まで続いていたかどうかは確かめられなかった。第三の壁の基礎は、堅牢そうな見かけで、床の下四フィートの深さにあった。もちろん、地面からはかなりの深さになる。壁の基礎から一フィートのところにはまっていた大きなフリントをねじり取ってみたのだが、モルタルがしっかりしていたため、たいそうな力が必要だった。ところが、壁の中ほどに埋まっていたそのフリントの後ろのモルタルはもろくなっていて、そこにはミミズのトンネ

図13　シルチェスターで発掘されたタイル張りの沈んだ床の断面図。縮尺は50分の1。

ルがあった。ジョイス氏と私の息子たちは、そういう場合のモルタルの黒さと、壁の内部に腐植土が存在することに驚いた。壁を築いた職人が、モルタルの代わりに黒土を入れたケースもあったかもしれない。しかし、ミミズはトンネルを腐植物で内張りするということを思い出してほしい。しかも、大きくてごつごつしたフリントとフリントのあいだには、当然のことながら隙間が生じる。そうした隙間は、ミミズが壁に入り込めるようになったとたん、ミミズの糞塊で埋められたはずだと考えていい。トンネルを通じて雨水が浸み込むことで、黒い粒子が隙間の隅々まで運ばれるはずである。ジョイス氏は、当初、私がミミズのせいにしている仕事量に懐疑的だった。しかしノートの最後で、第三の壁について次のように書いている。「この壁の状態ほど私を驚かせた例はないし、これで大いに確信した。それまでは、このような壁にミミズが入り込めることなどありえないと発言して当然だったし、実際、そう発言していたからだ」

ほぼすべての部屋では、テッセラ張りの床が、特に中央部付近でかなり沈んでいた。ここに掲げた三つの断面図を見てほしい。床にぴんと張った紐を水平に渡すことで、沈下の程度を測定した。図13は、「レッドウッドハット」横の、タイル張りがほぼ完璧に保存されていた部屋の床を南北に、長さ一八フィート四インチに切った断面図である。北側半分の沈下は、壁際の床の高さから五・七五インチだった。この数字は、南側半分よりも大きかった。しかしジョイス氏によれば、テッセラ張りの床全体が明らかに沈んでいたという。タイルと壁とのあいだが離れているように見える場所が何カ所もあったが、まだ壁と接している箇所もあった。

図14は、「スプリング」の近くで発掘された、南側回廊のタイル張りの床の断面図である。床は七フィート九インチの幅で、崩れた壁は、床から〇・七五インチしか顔を出していない。牧草地の中にあったこの土地は、北から南に三度四〇分の角度で傾斜していた。回廊の両側の地面の様子が図に示されている。石や石屑がたくさん混

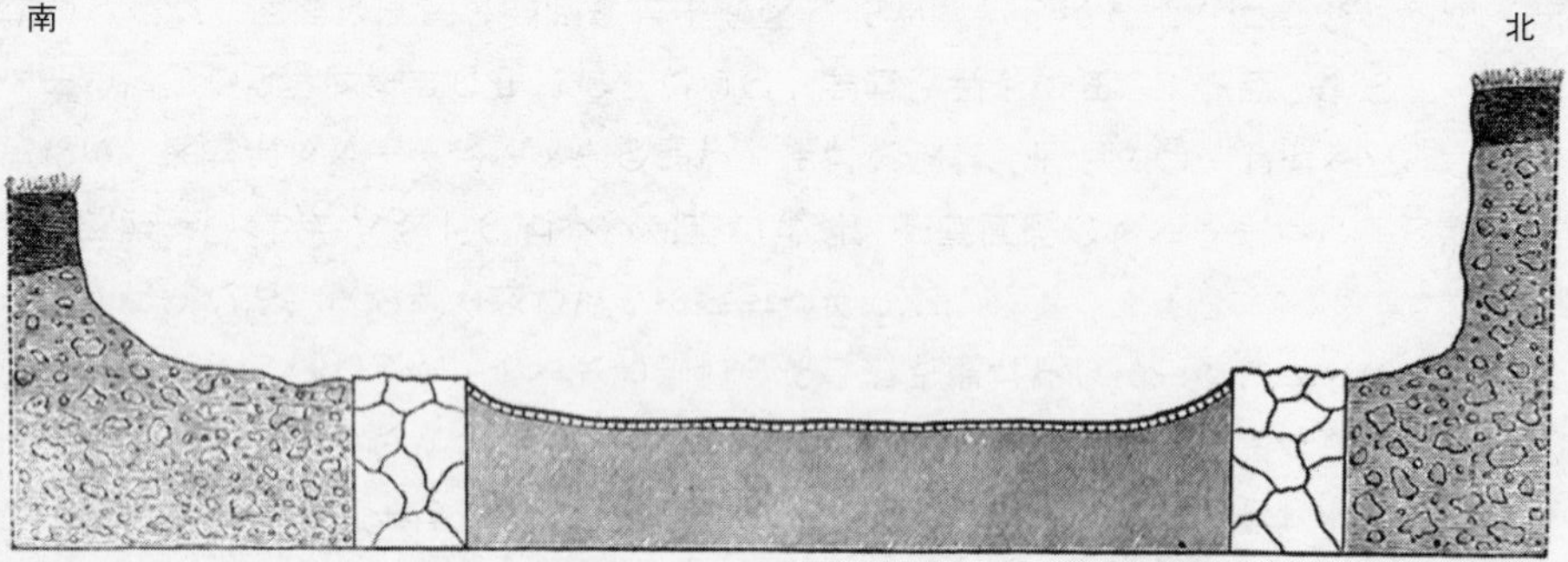

図14　シルチェスターで発掘された、テッセラ張りの沈んだ回廊の南北方向の断面図。崩壊した外壁の外側に、両側の発掘された地面が少しだけ見える。テッセラの下の土壌は不明。縮尺は36分の１。

ざった土の上に、黒い腐植土が乗っていた。腐植土の厚さは、北側よりも土地が低い南側のほうが厚かった。テッセラ張りの床は、側面の壁と平行な線ではほぼ水平だったが、中央部は七・七五インチも沈んでいた。

図13に示した部屋から遠くない小部屋は、ローマ時代の居住者によって、南側に五フィート四インチの幅だけ拡張されていた。そのために、家の南側の壁は壊されたのだが、基礎だけは、拡張された部屋のテッセラ張りの床下浅いところに埋まっていた。ジョイス氏の考えは、埋没しているこの壁が建設されたのは、西暦二七〇年に没したクラウディウス二世の御代以前にちがいないというものだ。図15の断面図を見てわかるように、テッセラ張りの床の沈下は、壁が埋まっている部分では少ない。そのため、部屋を横切る線はその部分で出っ張っている。そこでそこに穴が掘られ、埋まっていた壁が見つかったのだ。

ここに紹介した三枚の断面図と、紹介していない何枚もの断面図からいえるのは、タイル張りの古い床はかなり沈下し、たわんでいるということだ。ジョイス氏は以前、この沈下の原因は、もっぱら地面がゆっくりと固くしまったせいだとしていた。たしかに、ある程度のしまりが起きたことは大いに考えられる。図15の断面図では、拡張

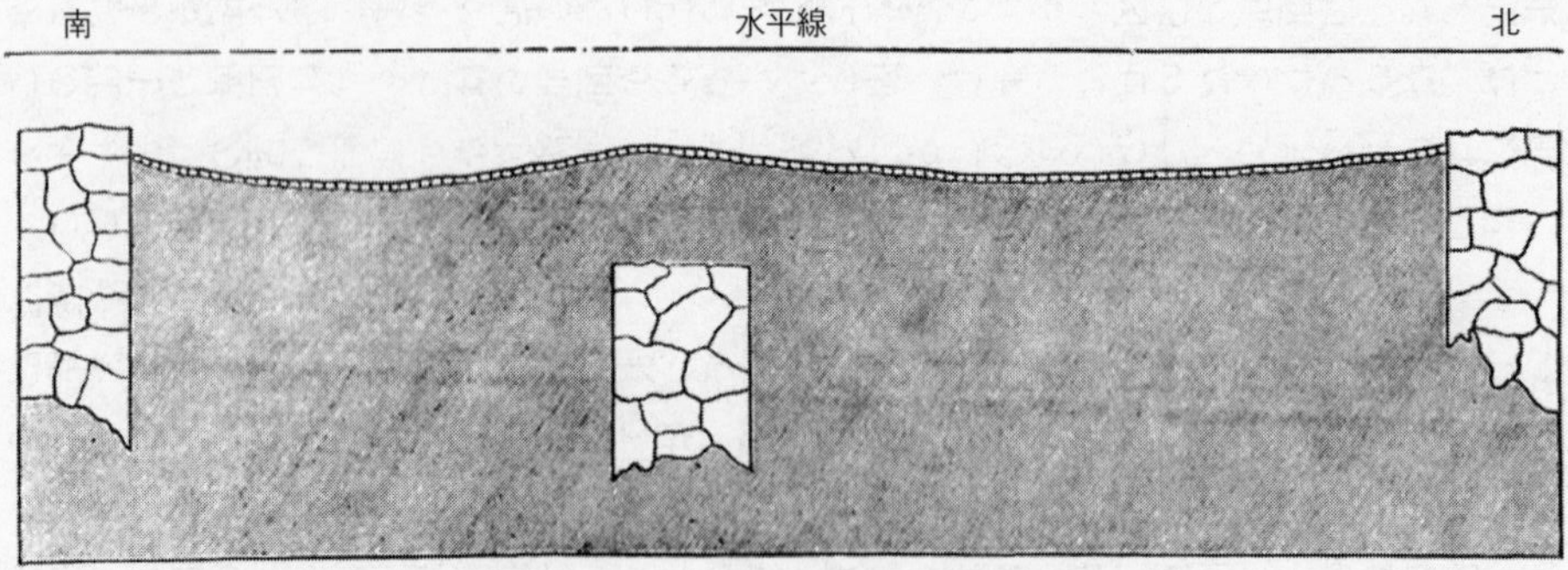

図15　シルチェスターで発掘されたテッセラ張りの沈んだ床と部屋の崩壊した外壁の断面図。この部屋は拡張されており、古い壁の基礎が埋まっている。縮尺は40分の1。

した南側の部屋は、新しい地面の上に建てられたはずで、幅五フィートのタイル床が、古い北側の部分よりもわずかながら沈んでいる。しかしこの沈下は、部屋の拡張とはおそらく関係ない。図13では、テッセラ床の半分だけが、これといった原因もないまま沈んでいるからだ。ジョイス氏の自宅に通じるレンガ敷きの歩道はわずか六年ほど前に設営されたものなのだが、古代の建物と同じような沈下が起きている。とはいえ、沈下のすべてが地面のしまりで説明できるとは思えない。ローマ時代の大工は、厚くて堅牢な壁の基礎を設えるために並々ならぬ深さまで地面を掘っていた。したがって、テッセラを貼り装飾まで凝らした床の土台の堅牢さに大工が気を配らなかったはずがない。床が沈んでいるいちばんの原因は、テッセラ床の下をミミズが掘ったせいにちがいないというのが、私の見立てである。その活動は、今も続いていることが確かめられている。ジョイス氏にしても、ミミズの活動がかなりの結果を生み出しうることを、ついには認めたのだ。これならば、床の上を覆っていた大量の細かい腐植土の説明もつく。逆に、それ以外の説明はつかないだろう。私の息子たちは、タイル床がごくわずかしかへこんでいない部屋には、上を覆う腐植土の量が他に比べて少ないことに気づいた。

壁の基礎は、一般的にかなりの深さに設えられている。なので、ミミズが下を掘ってもまったく沈まないか、床よりも沈み方ははるかに少なくなる。ミミズは壁の基礎よりも下の深さまで潜って活動することはめったにないため、床よりも基礎の沈み方は少なくなる。いやそれ以上に、ミミズが入り込んでも壁が崩れずに持ちこたえるとしたら、そういうことになる。その一方で、壁と同じ幅と深さの土の部分に掘りつづけられたトンネルが、遺跡が放棄されて以後何度となく崩れてきたとしたら、土地は縮小したり沈んできたりしたはずである。壁はほとんど、あるいはまったく沈まないため、それに接しているタイル床は沈下に耐えている。そう考えれば、現在の床のたわみも理解できる。

シルチェスターをめぐる状況でいちばんの驚きは、昔の建物が放棄されてから何世紀も経過しているというのに、その上に堆積した腐植土がこれしかないことである。一二インチかそれ以上という場所もあるにはあるが、たいがいの場所で、わずか九インチほどでしかないのだ。図11では二〇インチとなっているが、この断面図は、ジョイス氏がこの問題にことさら注目する以前に作成されたものだった。古い壁に囲まれた土地は、南になだらかに傾斜していると記述されている。しかしジョイス氏によれば、ほぼ水平な場所もあり、そういう場所は概して他の場所よりも腐植土層が厚いようだ。他の場所の地表は、西から東に傾斜している。ジョイス氏の記述では、一つの床の西の端の石屑と腐植土は二八・五インチに達しているのに対し、東端ではそれが一一・五インチしかなかった。とても緩やかな勾配でも、激しい雨が降れば新しい糞塊は流れ下り、最終的には近隣の小川にたくさんの泥を流れ込ませ運び去るには十分である。この古代の遺跡の上に堆積している腐植土の層があまり厚くない理由は、これで説明がつくと思う。しかもこのあたりの土地の大半は長きにわたって耕作されてきた。それも、雨によって細かい土が流される条件となる。

断面図に描かれた腐植土のすぐ下の層の性質には、頭を悩ませるものもある。たとえば、北から南に三度四〇分の角度で傾斜している牧草地に掘られた断面図（図14）では、上方の腐植土は厚さ六インチしかないのに、下方では九インチもある。ところがこの腐植土が乗っているのは、ジョイス氏が、「小石やタイルの破片がびっしりと混じり、腐って擦りつぶされた感じ」と描写している「こげ茶色の腐植土」の層（上方の側では厚さ二五・五インチ）なのだ。こげ茶色の土という状態は、長期にわたって耕作された畑の状態に似ている。そういう土は、風雨にさらされた石やあらゆる種類の層と混ぜ合わされているからだ。何世紀も経る間に、この牧草地や現在は耕作されている他の畑は、ときには耕され、ときには草地として放置されてきたのだとしたら、この断面図の土の性質も理解できる。ミミズは絶え間なく細かい土を地上に運び上げており、土地が耕作された時期にはそれが鋤によって混ぜ込まれてきたはずだからだ。しかし、やがて時が経つにつれ、細かい土の厚さが鋤が届かないほどになる。かくして図14の、厚さ二五・五インチのような層が、後にミミズが地表に運び上げ、篩にかけられた表層の下に形成されていくことになるのだ。

シュロップシャーのロクシター

古代ローマの都市ウリコニウムが建設されたのは、二世紀の早い時期のことで、それ以前ということはない。それが破壊されたのは、ライト氏[8]によれば、おそらく四世紀半ばから五世紀のあいだのことだという。住民は虐殺され、床下暖房から女性の遺骨が見つかっている。一八五九年以前に地上に現れていた都市の名残は、高さ二〇フィートほどの巨大な壁の一部だけだった。周辺の土地は緩やかに起伏しており、長いあいだ耕作されてきた。特定の細長い場所では穀類が早く実り、ある場所では雪が他よりも遅くまで残るといったことが知られていた。こうした状況から、大規模な発掘が実施されることになったと聞いている。かくしてたくさんの大きな建物の基礎や通りが姿を現した。古い壁に囲まれた空間は、長径が一・七五マイルの不規則な楕円形である。建築に使用されていた石やレンガの多くは持ち去られたはずである。しかし、床下暖房、浴場その他地中の構造物は、石、割れたタイル、石屑、土などに埋もれた状態で完全に近い状態で見つかった。さまざまな部屋の古い床が瓦礫で覆われていた。私は、この遺跡を長いあいだ隠していた腐植土や石屑の覆いがいかほどの厚さだったのかをぜひとも知りたかった。そこで、この発掘を仕切ったH・ジョンソン医師(9)に問い合わせた。彼は、たいへん親切なことに、私の質問に答えるために、現地を

(8) トーマス・ライト（一八〇九～八四）　スコットランド出身の医師、古生物学者。ジュラ紀の化石を収集した。ロクシター遺跡に関する報告書を一八七二年に発表しているが、それに関する文通はない。地質学に関する文通が一八六〇年代に二通交わされている。

(9) ヘンリー・ジョンソン（一八〇二（三?）～八一）　医師。ダーウィンとは、シュルーズベリ校、エディンバラ大学の同窓生。シュロップシャー・ノースウェールズ自然史・古物研究協会の創設者の一人。六〇～八〇年代に二〇通の手紙を交わしている。

二度訪れ、それまで発掘されていなかった四カ所でたくさんの溝を掘ってくれた。氏による観察結果を表3にまとめてみた。それ以外にも、腐植土の標本を送ってくださると同時に、私の質問にできるかぎり答えてくれた。

ジョンソン医師は、色が黒いことと質感が、下層の砂地や石屑と突然に近い形で変わっている土壌を腐植土として区別した。送られてきた「腐植土」の見本は、ミミズの体を通過するには大きすぎる小石が多めに含まれていたことを除けば、古い牧草地の牧草のすぐ下に堆積している腐植土と似ていた。しかし、前述した溝が掘られたのは、牧草地ではなく、長いあいだ耕作されてきた畑である。長期にわたって耕作され続けてきたことの影響に関して、シルチェスターについての言及を念頭に置き、細かい粒子を地表に運び上げるミミズの活動と考え合わせると、ジョンソン医師が腐植土と呼んでいるものは、たしかにそう呼ぶにふさわしいものである。下に舗道や床、壁のない場所での腐植土の厚さは、他の場所で観察された腐植土よりも厚かった。その多くは二フィート以上で、一カ所は三フィート以上だった。腐植土がいちばん厚かったのは、「ショップリーソーズ」と呼ばれる耕作地のいちばん高いほぼ平らな場所の上とその周辺、およびそれに隣接する、ほぼ同じ高さと思われる小さな耕作地だった。

ショップリーソーズの傾斜している側の角度は二度を上回るほどであることから、大雨の際には腐植土が流され、下方に溜まることになってもよかったはずである。ところが、この場所で掘られた三つの溝のうちの二つでは、そうはなっていなかった。地表の下に古い通りや建物が埋まっている場所の多くでは、腐植土の厚さは八インチしかなかった。ジョンソン医師は、耕作地で鋤が遺跡に当たったことは一度もなかったと聞き驚いたという。氏の考えは、この土地が初めて耕されたとき、まずは古い壁を壊し、地面を均したのではないかというものだ。もしかしたらそうかもしれない。しかし、町が放棄された後、何世紀も耕作されないまま放置されていたとしたら、その間にミミズが細かい土を運び上げ、遺跡を完全に覆ってしまっていたかもしれない。遺跡の下が掘られて沈下したとしたらそうなるだろう。いくつかの壁の基礎は、地下一四フィートにある。たとえば、地面から今もおよそ二〇フィートもある壁の基礎や、かつての市場にある壁の基礎などがそうだ。ふつう、これほど深い基礎を作ることはありえない。建築に使用されているモルタルは、すばらしい品質だったにちがいない。現在もなお、固い状態を保っている部分があるからだ。ジョンソン医師の見立てでは、発掘された壁はどれもみな高さの大小にかかわらず、未だに垂直に立って

15. 同じ畑の別の場所、24インチの深さで溝は砂地に到達	16
16. 同じ畑の別の場所、深さ30インチで溝は石ころに到達。腐植土の厚さは、溝の一端では12インチ、他端では14インチ	16

「オールドワークス」と「ショップリーソーズ」にはさまれた小さな畑で、上記の畑の上方部分とほぼ同じ高さと思われる	腐植土の厚さ（インチ）
17. 深さ26インチの溝	24
18. 深さ10インチの溝、舗道に到達	10
19. 深さ34インチの溝	30
20. 深さ31インチの溝	31

古い壁に囲まれた場所の西側にある畑	腐植土の厚さ（インチ）
21. 溝の深さ28インチで乱されていない砂地に到達	16
22. 溝の深さ29インチで乱されていない砂地に到達	15
23. 溝は深さ14インチで建物に到達	14

表３　H・ジョンソン医師が測定したロクシターのローマ時代の遺跡を覆っていた腐植土の厚さ

「オールドワークス」と呼ばれる畑に掘られた溝	腐植土の厚さ（インチ）
1．深さ36インチで乱されていない砂地に到達	20
2．深さ33インチでコンクリートに到達	21
3．深さ9インチでコンクリートに到達	9

「ショップリーソーズ」と呼ばれる畑に掘られた溝。ここは古い壁の内側でいちばん高い場所にあたり、中心に近い地点からすべての側におよそ２度の角度で傾斜している	腐植土の厚さ（インチ）
4．畑の最高地点、深さ45インチの溝	40
5．畑の最高地点すぐそば、深さ36インチの溝	26
6．畑の最高地点すぐそば、深さ28インチの溝	28
7．畑の最高地点のそば、深さ36インチの溝	24
8．畑の最高地点のそば、一端の深さ39インチの溝。ここの腐植土は、下層の乱されていない砂地に徐々に移行しており、24インチという厚さは目安に近い。溝の他端では、わずか7インチの深さで舗道が出現し、腐植土の厚さは7インチしかなかった	24
9．上記のすぐそばの溝、深さ28インチ	15
10. 同じ畑の下方、深さ30インチの溝	15
11. 同じ畑の下方、深さ31インチの溝	17
12. 同じ畑の下方、深さ36インチの溝で乱されていない砂地に到達	28
13. 同じ畑の別の場所、溝は深さ9.5インチでコンクリートに到達	9.5
14. 同じ畑の別の場所、溝は深さ9インチでコンクリートに到達	9

いる。基礎がこれほど深い壁の土台が、ミミズによって崩されることはなかった。したがって、アビンジャーやシルチェスターとはちがい、沈下することはなかった。となると、完全に土に埋まっている現状はどう説明すればよいのだろう。ただし、壁を覆っている土のどれくらいが腐植土で、どれくらいが石屑なのか、私は把握していない。基礎の深さが一四フィートある市場を覆う土の厚さは、ジョンソン医師の考えでは、六〜二四インチだった。九フィートの深さに埋まっていた浴室の崩壊した壁の頂も、二フィート近い土で覆われていた。深さ七フィートにある灰捨て場跡に通じるアーチの頂は、八インチ弱の厚さの土で覆われていた。沈下していない建物が土で覆われている場合は、上にあったはずの石がある時点で人によって持ち去られたと考えるか、周辺の土地から大雨の際に土が流れ込んだか嵐によって吹き寄せられたかのいずれかだと考えるべきだろう。長年にわたって耕作されている土地では特に、そういうことが起こりそうだ。地図とジョンソン医師から受け取った情報から判断するかぎり、ロクシターに隣接する土地は、アビンジャー、チェドワース、シルチェスターの場合よりもいくらか高い位置にある。それでも、割れた石、モルタル、漆喰、木材、灰が建物の残骸の上に折り重なれば、時間の経過にともなう崩壊とミミズによる篩い分けにより、最終的に全体が細かい土の下に隠れることになるのではないか。

結論

本章で紹介した事例は、ミミズが重要な役割を果たすことで、イングランドにあるローマ時代ほかの古い建物が地中に埋められて隠されてきたことを物語っている。ただしもちろん、隣接する上方の土地からの土の流れ込みや砂塵の堆積も、埋め込みに大きく貢献したことだろう。壊れた壁が地面から少しでも顔を出していれば、砂塵をため込む退避所の役を果たしたことだろう。古い建物の部屋、広間、廊下の床がたいてい沈んでいるのは、地面が固くしまったことも一部関係しているが、大半はミミズが穴を掘ったことによるものだ。そうした沈下は、壁の近くよりも壁から離れた中心部のほうがふつうは大きい。壁そのものは、基礎がさほど深くなければ、ミミズによって穴を開けられると同時に下の土が掘られ、その結果として沈下している。こうした原因によって沈下に偏りが生じたことで、太古の壁が傾いていることや、壁に大きな割れ目が入っていることが説明できそうである。

＊52 Leçons de Géologie pratique, 1845, p. 142.

＊53 この発見に関する短報は、一八七八年一月二日のタイムズ紙に、詳しい説明は一八七八年一月五日発行のビルダー誌に出ている。

＊54 この遺跡については、いくつもの報告が公表されている。最上の報告は、ジェイムズ・ファラー氏のものだ（Proc. Soc. of Antiquaries of Scotland, vol. vi., Part II., 1867, p. 278）。J・W・グロヴァーの報告もある（Journal of the British Arch. Assoc. June 1866）。バックマン教授もパンフレットを発行している（Notes on the Roman Villa at Chedworth, 2nd edit. 1873:Cirencester）。

＊55 ハンプシャーのPenny Encyclopædia の記事による。

5章　土地の削剝におけるミミズの役割

かつての地球は、結晶質岩［火成岩や変成岩のこと］で構成され、それが風雨、気温変化、川、海の波、地震、火山の噴火などによって崩壊し堆積層が形成された。これは誰もが認めるところだ。堆積層は固くなり、ときには再結晶化した後に再び崩壊してきた。削剝《さくはく》とは、そのようにして崩壊したものが低い土地に運ばれることである。地質学の進歩によってもたらされた多くの注目すべき成果のうちで、削剝に関係した研究成果ほど注目すべきものはない。削剝の規模は莫大なものにちがいないと、昔から思われていた。しかし、その実際の規模が明らかとなったのは、塁層の順序を記した詳しい地質図が作製され測量されてからのことだった。この問題に関する報告書で最も注目された最初のものは、ラムジーによるものだった。[*56] ラムジーは、ウェールズでは九〇〇〇～一万一〇〇〇フィートもの厚さの岩石が国土から削り取られたことを示したのだ。大規模な削剝の明白な証拠は、おそらくある地方を横断するように何マイルにもわたって走っている断層や亀裂である。対応する地層のあいだに、高さにして一万フィートものずれが生じていたりするのに、地表ではそのような巨大なずれが存在する兆候は見て取れない現象である。一方の側では、巨大な岩石層が削り取られ、いっさいの痕跡を残していないのだ。

つい二、三〇年前まで、大半の地質学者は、海の波こそが削剥作用の主たる要因であると考えていた。しかし今は、国土全体を考えると、風雨と川のほうが強力な要因であると確信している。イングランドのいくつもの地域を横切っている断崖の長い連なりは、古い海岸線にあたると、以前は確信されていた。しかし今は、周りの地層よりも風雨や霜に耐えたというだけの理由で地表から屹立しているものであることがわかっている。地質学者にとって、たった一編の報告書で論争点を解決し同僚を納得させられるような幸運は、めったにあるものではない。しかし、「地表の削剥およびチョークの絶壁と断崖について」[*57]という論文を一八六七年に発表した英国地質調査所のホイティカー氏[(1)]はその幸運に恵まれた。この論文が出る以前は、A・タイラー氏[(2)]が、地表の削剥に関する重要な証拠を提出していた。河川によって土砂が運び去られることで、その流域の地表面の高さはさほど膨大な時間を経ずして確実に下がることを示したのだ。その後の議論はこの路線に従い、アーチボルド・ギーキー[(3)]、クロール[(4)]ほかにより、一連の重要な論文できわめて興味深いかたちで踏襲された。[*58] この問題に精通していない人のために、ミシシッピ川の例を一つだけ紹介しておこう。この川が運ぶ堆積物の量が、合衆国政府の命によって詳しく調べられているのだ。クロールによれば、ミシシッピ川の広大な流域の高度は、一年に四五六六分の一フィートずつ低下しているという。つまり、四五六六年で一フィート低くなるということだ。となると、

(1) ウィリアム・ホイティカー（一八三六～一九二五）　地質学者。地質調査所に所属（一八五七～九六）。イギリスにおける水文地質学の創始者。ロンドン地質学会会長（一八九八～一九〇〇）。地質学に関する文通記録はない。

(2) アルフレッド・タイラー（一八二四～八四）　地質学者。独学で地質学を学ぶ。六八年、七二年、八〇年に文通の記録がある。

(3) アーチボルド・ギーキー（一八三五～一九二四）　スコットランド出身の地質学者。英国地質調査所所長（一八八二～一九〇一）、エジンバラ大学教授（一八七一～八一）。六一～八一年の間に一〇通の手紙を交換。

(4) ジェイムズ・クロール（一八二一～九〇）　スコットランド出身の地質学者。スコットランド地質調査所所長（一八六七～八〇）。六三年から文通を開始し、八一年一〇月の『ミミズ』の献本に対する礼状が最後。

北アメリカの平均標高を七四八フィートとして将来を見越せば、広大なミシシッピ盆地の全域が洗い流され、「土地の隆起がいっさい起こらないとすれば、四五〇万年以内に海面の高さになってしまう」ということだ。河川によって、その大きさの割に大量の土砂を運ぶ川もあれば、ミシシッピ川には遠く及ばない川もある。

崩壊した土砂は、流水だけでなく風によっても運ばれる。火山の噴火では、大量の岩石が粉々にされ、遠くまで拡散される。乾燥した土地では、砂塵の移動において風が重要な役割を演じている。風に飛ばされる砂も、硬い岩を摩滅させる。私がかつて報告したように、一年のうちの四カ月間、アフリカ北西岸から大量の砂塵が飛ばされ、大西洋上、南北に一六〇〇マイル、海岸から三〇〇〜六〇〇マイルの距離に舞い落ちている。[*59] 砂塵は、アフリカの海岸から一〇三〇マイル離れた場所にまで飛んでいることが確認されている。カーボヴェルデ諸島のサンティアゴ島に三週間滞在した際は、ほぼ常に霞がかかった天候で、アフリカから飛んできたとても細かい塵が絶え間なく降り注いでいた。アフリカの海岸から三三〇〜三八〇マイルの距離にある外海に落下していた塵のなかには、一平方インチの一〇〇〇分の一サイズの粒子がたくさん含まれていた。海岸近くの海水は落下した塵のせいで変色し、船の航跡が残るほどだった。

雨がめったに降《ふ》らず、霜も降《お》りないカーボヴェルデ諸島のような土地でも、岩の崩壊は起こる。ベルギーの傑出した地質学者デ・コーニンク(5)が発表した最近の見解に従うと、そのような崩壊の主因は、露に溶けている炭酸と硝酸にくわえてアンモニアの硝酸塩と亜硝酸塩の作用でありうる。

湿潤な土地や、まあまあ湿潤な土地ではどこでも、ミミズがいろいろなかたちで削剝に力を貸している。地表をマントのように覆《おお》っている腐植土はみな、ミミズの体内を何度も通り抜けている。腐植土と底土との違いは、腐植土は色が黒いことと、ミミズの消化管を通れない（底土には含まれていたりする）大きさの石のかけらや粒子を含んでいない点のみである。そのような土の篩《ふる》い分けには、すでに述べたように、トンネルを掘るいろいろな種類の動物、とくにアリも手を貸している。夏が長く乾燥している土地では、土壌がたまりやすい場所の腐植土は、他の開けた場所から吹き飛ばされてくる砂塵によって大幅に増量されるはずだ。たとえば、硬い岩のないラプラタの

(5)　L・G・デ・コーニンク（一八〇九～八七）　ベルギーの地質学者、古生物学者、医師。ベルギー産の石炭紀化石の研究で知られる。七〇年に、ダーウィンがベルギー科学アカデミー会員に選ばれたことに対する礼状とお祝いの手紙が交わされている。

平原に飛ばされてくる砂塵はたいへんな量になる。一八二七年から一八三〇年にかけての「グラン・セコ（大干ばつ）」の間に、囲いで仕切られていない土地の景観が完全に変化してしまい、住人は自分たちの土地の境界がわからなくなったせいで、訴訟が延々と繰り返されたほどだった。エジプトや南フランスでも、莫大な量の砂塵が吹き飛ばされている。リヒトホーフェン[6]の主張では、中国の、何百フィートもの厚さで広大な地域に広がっている細かい堆積物の層は、中央アジア高地から飛んできた砂塵が堆積したものだという。[*60]イギリスのような湿潤な国では、植生に覆われた自然状態のままの土地であるかぎり、どういう場所であれ、腐植土が砂塵で増量されることはまずない。しかし昨今の状況では、交通量の多い主要道路に近い畑はかなりの量の砂塵を被っているにちがいない。乾燥した風の強い日にハローをかけて畑を均しているときなどは、もうもうたる砂塵が舞い上がっている光景が見えるかもしれない。しかしこうした例はみな、ある場所から別の場所に表土が運ばれているにすぎない。家の中に厚く溜まるほこりの成分は、ほぼ有機物であり、地面にまけば、やがて腐ってほぼ完全に消えてしまう。しかし、北極圏の雪原でなされた最近の観察によれば、宇宙から隕石の塵が絶え間なく降り注いでいるらしい。

通常の腐植土が黒い色をしているのは、もちろん、腐食した有機物が混ざっているからである。ただしその量は多くはない。腐植土を赤くなるまで熱したときに減る重量は、水分が蒸発したことによるところが大きい。肥えた腐植土のサンプルでは、有機物の量は一・七六パーセントにすぎなかった。調合された土壌では五・五パーセント、ロシアの有名な黒土では五パーセントから一二パーセントまであった。[*61] 落ち葉だけを腐らせて作った腐葉土では、その量がはるかに多くなる。泥炭（ピート）では、炭素だけでも六四パーセントにもなる。しかし泥炭についてはここでは扱わない。土壌中の炭素は、水がたまっている気候の冷涼な土地を除けば、少しずつ酸化して消失する傾向がある。[*62] 結果的に、古い牧草地では、腐った根や地下茎の堆積があり、厩肥のテコ入れもときおりされているにしても、有機物が過剰に存在するということはない。腐植土から有機物が失われていく背景には、ミミズの糞塊というかたちで何度も何度も地表に運び上げられているということがあるかもしれない。

(6) F・P・W・フォン・リヒトホーフェン男爵（一八三三〜一九〇五）ドイツの地質学者、地理学者、探検家。一八六〇年から、日本、中国、タイそのほかを探検。ボン大学、ライプツィヒ大学、ベルリン大学教授を歴任。手紙での言及はあるが、直接の文通記録はない。

その一方でミミズは、腐りかけの葉を驚くほど大量に二〜三インチの深さまでトンネル内に運び込むことで、土壌中の有機物量増加に大きな貢献をしている。葉を持ち込むのは、主に食べ物としてだが、巣穴の口をふさぐためとトンネルの上部を内張りするためでもある。ミミズが食べようとする葉は湿らされ、小さな破片に裂かれ、部分的に消化された上で土とよく混ぜ合わされる。腐植土が一様に黒みを帯びているのは、この作業のせいである。植物の腐敗によっていろいろな酸が生成されることが知られている。ミミズの消化管内容物と糞は酸性である。このことから、消化作用では、飲み込まれて砕かれて腐りかけた葉において類似の化学変化が起こっているようにも思える。石灰腺から分泌された大量の炭酸石灰は、消化作用でできた酸を中和するのに役だっているようだ。ミミズの消化液は、アルカリ性でなければ作用しないからである。消化管上部の内容物は酸性であり、それが酸性なのは排泄作用で生じる尿酸が存在するせいということはありえない。したがって、ミミズの消化管内の酸は消化作用によって生成されたものであり、それは通常の腐植土中の酸とほぼ同じ性質のものなのだろうと結論してよい。腐植土中の酸には、過酸化鉄を還元ないし溶解する力がある。そのせいで、泥炭の下の砂が赤かったり赤い砂の中には腐った根が入り込んでいるのだ。そこで、赤い酸化鉄で覆われた珪石の細かい粒を含む、とても細かい赤い砂を詰めたポットにミミズを入れてみた。ミミズがその砂に掘ったトンネルは、いつものように、消化管の分泌物と消化された葉の残りを混ぜ合わせた砂で形成された糞で内張りされていた。その砂は、赤い色をほぼ全体的に失っていた。その一部を顕微鏡で観察したところ、砂粒の大半は酸化物が溶けたせいで透明無色に見えた。それに対してポットの他の部分から取った砂粒は、酸化物で覆われていた。この砂に対して、酢酸はいかなる作用も及ぼさなかった。薬局方に従って希釈した塩酸、硝酸、硫酸でさえ、ミミズの消化管内の酸ほどの作用は及ぼさなかった。

A・A・ジュリアン氏(7)は、腐植土の中で生成される酸に関する既知の情報をまとめている。十数種類の異なる酸が生成されると主張している化学者もいるという。そうした酸は、カリウムイオン、ナトリウムイオン、アンモニウムイオンなどと結合した酸塩共々、炭酸カルシウムと酸化鉄に強力に作用する。はるか以前にフランスの化学

(7) アレクシス・アナスティ・ジュリアン(一八四〇~一九一九) アメリカの地質学者。コロンビア大学教授。ダーウィンとの文通記録はない。

者テナールがアゾ腐植酸と呼んだそうした酸のなかには、コロイダルシリカを、それが含む窒素の量に比例して溶解するものもあることが知られている。[*63] 後者の酸が生成されるにあたっては、ミミズも一役買っているかもしれない。H・ジョンソン医師のご教示によれば、ミミズの糞塊には〇・〇一八パーセントのアンモニアが含まれていることをネスラー試薬によって確認したというのだ。

ジュリアン氏の最近の観察によれば、前述したようにミミズの体内における消化過程で生成されているらしい何種類もの腐植酸とその酸塩は、さまざまな種類の岩石を崩壊させる上できわめて重要な役割を演じている。雨水の中に存在する炭酸のみならずまちがいなく硝酸や亜硝酸にも、同様の作用があることは周知の事実である。また、すべての土壌中、肥沃な土壌にはとくに、大量の炭酸が水に溶けた状態で存在している。さらには、ザックスらが示しているように、植物の生きた根は、大理石、ドロマイト（苦灰石）、リン酸石灰をすばやく浸食し、すべすべの表面にその痕跡を残す。根は、玄武岩や砂岩をも浸食する。[*64] しかしここでは、ミミズの活動とは関係ない作用についてはこれ以上踏み込まないことにする。

どのような酸と塩基との結合にしろ、攪拌されることで、新しい結合面が次々と接触することになるため、反応は大きく促進される。この過程は、ミミズの消化管内の小石や土の粒子の存在によって、申し分なく達成されることだろう。それと、あらゆる草地の腐植土はみな、数年を経ずしてミミズの消化管を通過するということを思い起こすべきだろう。しかも、古いトンネルが少しずつ崩れていき、新しい糞塊が地表に引き続き運び上げられていく。そのおかげで、表層の腐植土全体がゆっくりとかき混ぜられ循環する。それによって土の粒子どうしがこすれ合うことで、浸食されてばらばらになった物質は、その表面を覆う薄い膜ができる端から剝がされていく。こうしたいくつもの過程により、さまざまな種類の岩石の小片や土壌中の粒子は、化学的な分解作用に絶えずさらされることになる。そして土の量は着実に増えていく。

ミミズはトンネルを糞で内張りするし、トンネルは地中五～六フィート、あるいはそれ以上の深さに達する。その結果、少量ではあるが腐植酸が地中深くまで運ばれ、地中の岩や岩屑に作用を及ぼすことになる。そのため、土の厚さは、地表からいっさい取り除かれないとしたら、ゆっくりとではあるが着実にかさを増していく。しかし、その堆積は、やがて、下の岩や、さらに地中深くの粒子の崩壊を遅らせることになる。主に腐植土の上層で生成される腐植酸は、きわめて不安定な化合物であるため、地中深くまで到達する前に分解されてしまうからである。[*65] 地表を厚く覆った土の層は、気温の大きな変動が地中にまで及ぶのを抑えるはたらきもするようになる。冷涼な土地では、霜が及ぼす大きな作用を抑えることとだろう。地中への空気の浸透も妨げられるようになる。こうしたいくつもの原因により、地表の腐植土がほとんどあるいはまったく取り除かれることなく、その厚さが増し続けるとしたら、地中の岩や粒子の崩壊はほとんど止まることになる。[*66] わが家のすぐ近所で、露出しているフリントが被る変化を、厚さ数フィートほどの粘土層がいかに効果的に抑えるかを教えるおもしろい証拠を得た。耕された畑の地表にしばらく放置された大きなフリントは、建築用には使えないというのだ。そういう石は、思ったようにきれいに割ることができず、職人たちはそれを腐った石と呼んでいる。[*67] したがって、建築用のフリントは、チョーク層を覆う赤い粘土層（チョークが雨水で溶かされた名残）か、チョーク層そのものの中から採取する必要がある。

ミミズは、岩石の化学的な分解に間接的に手を貸しているだけでなく、小さな粒子に対して直接的に物理的な手段でも手を下していると信じるに足る理由がある。土を飲み込む種類のミミズはみな、砂嚢をもっている。しかもその砂嚢は、ペリエが「まごうかたなき補強材」[*68]と呼んだキチン質の膜で内張りされている。砂嚢は、強力な横筋で囲まれており、クラパレードによれば、それは縦走筋の一〇倍近い太さだという。ペリエは、それらが力強く収縮するのを観察している。ディガスター属（*Digaster*）のミミズは、とてもよく似た二個の砂嚢をもっている。モニリガスター属（*Moniligaster*）のミミズには、四つの小嚢からなる第二の砂嚢がある。それらは一列に並んでいるため、全部で五つの砂嚢があるようなものである。[*69]キジ目やダチョウ目の鳥が食物を粉砕する助けとするために小石を飲み込むのと同じように、陸生のミミズもそうしているようだ。ふつうのミミズ三八匹の砂嚢を開けてみたところ、二五匹の砂嚢には小石か砂粒が入っていた。前方の石灰腺でできた石灰の硬い塊がいっしょに見つかることもあった。残る一三匹のうちの二匹の砂嚢には石灰の塊だけが見つかった。それ以外のミミズの砂嚢に小石はなかった。しかしそのうちの何匹かは、本当の例外ではない。砂嚢を調べたのは秋の終わりのことで、ミミズは摂食をやめており、砂嚢は空っぽだったからだ。[*70]

小石がたくさん混ざった土にミミズがトンネルを掘る場合、当然のことながら、たくさんの小石を飲み込むことになるのは避けられない。しかしこの事実をもってして、ミミズの砂嚢に小石や砂が頻繁に見つかることが説明できるということにはならない。というのも、ミミズがすでにトンネルを掘っているポットの土の上に、ガラスのビーズ、レンガやタイルのかけらをまいておくと、ミミズはそれらのかけらやビーズを大量にくわえて飲み込むからだ。それらが糞や腸、砂嚢から見つかることでそれと確認できた。ミミズは、赤いタイルを砕いて作った、ざらざらした粒まで飲み込んだ。ビーズやレンガのかけらなどを食物と見誤ったとは考えられない。なぜならすでに確認したように、ミミズの味覚は、葉の種類を区別できるほど敏感だからだ。なので、ミミズが小石やガラスのビーズ、レンガやタイルの角ばったかけらといった硬いものを飲み込むのは、何か特別な目的のためであることは明白である。そしてそれが、大量に摂取する土を砂嚢で砕いて擦りつぶすためであることは、ほとんど疑いようがない。泥の中や水中にすみ、枯れた植物や新鮮な食物だけを食べ、土は飲み込まない種類のミミズには砂嚢がなく、[*71]小石など利用しようがない。つまり、葉を砕くためだけなら、そのような硬い固形物を飲み込む必要はないことになる。

砂嚢で擦りつぶされる間に、土の粒子はお互いどうし、あるいは小石と砂嚢の内側の頑丈な膜のあいだでこすり合わされるはずだ。柔らかい粒子なら、それによって摩耗し、砕かれることさえあるかもしれない。この結論は、排泄されたばかりの糞塊を見れば納得できる。その見かけは、ペンキ職人が二つの平らな石のあいだで擦りつぶしたばかりの塗料を連想させることが多いからだ。モレンは、腸管は「粉のような細かい土で満たされている」と述べている。[*72] ペリエも、「排泄された土は、なめらかなペースト状」だと形容している。[*73]

ミミズの砂嚢内でどれだけの量の土粒子が擦りつぶされているのか、興味のわくところである。そこで私は、ミミズの消化管を通過したたくさんのかけらを詳しく調べることで、この問題に関する証拠を集めることにした。ミミズが飲み込む前のかけらがどれほど摩耗していたかを自然状態で生活しているミミズで調べることなどできるはずもない。しかし、ミミズの砂嚢や腸からは、フリントなどの硬い岩の角張ったかけらがよく見つかることから、すでに丸くなっている粒子を習性的に選んでいるということはありえない。バラの鋭い刺が見つかったことも、三度ほどある。飼育していたミミズは、硬いタイル、石炭、石炭殻などの角張ったかけらのほか、ガラスの鋭く尖った破片まで、何度となく飲み込んだ。キジ目やダチョウ目の鳥は砂嚢の中に同じ石を長く保持しているため、丸みを帯びた状態になっている。しかし、ミミズの場合はそうではないだろう。ミミズの糞塊や腸内には、タイル、ガラスビーズ、石のかけらがふつうにたくさん見つかるからだ。したがって、同じかけらが何度も繰り返しミミズの砂嚢を通過しているからこそ、硬い固形物のかけらにさえ摩耗の跡が見つかるのだ。

そこで、私が入手できた摩耗の証拠について紹介しよう。チョーク層を覆う薄い腐植土の層から掘り出したミミズの砂嚢からは、たくさんのチョークの丸まった小さなかけらと、（顕微鏡で確認した）陸貝の殻の破片二個が見つかった。貝殻の破片は、角が丸まっているだけでなく、磨かれてつやが出ていた。ミミズの砂嚢や腸、ときには糞塊からは、石灰腺で形成された石灰粒がよく見つかる。大きい粒の場合は、丸みを帯びているように見えるときもある。しかし石灰粒が丸みを帯びているのは、炭酸や腐植酸の溶解作用によるところが大きいのかもしれない。わが家の温室のそばの家庭菜園で集めた何匹かのミミズの砂嚢からは、石炭殻の小さなかけら八個が見つかった。そのうちの六個とレンガのかけら二個は、ほぼ丸くなっていた。ただし他のかけらは、丸みを帯びてはいなかった。アビンジャーホールに近い農道には、七年前に六インチほどの厚さでレンガ屑が敷かれていた。農道の縁のレンガ屑の上には、一八インチほどの幅で芝が生えており、その上には多数の糞塊があった。そのなかには、レンガ屑を大量に含んでいるせいで一様に赤色を呈するものがあった。しかも糞塊には、レンガと硬いモルタルの直径一～三ミリのまん丸な粒子が多数含まれていた。しかしそれらの粒子はみな、芝に覆われていない農道上の摩耗した粒子と同じように、芝に捕捉されてミミズに飲み込まれる前から丸かった可能性もある。同じ七年前に、牧草地にある一つの穴がレンガ屑で埋められ、今は芝で覆われていた。その芝の上で見つかる糞塊には、すべてほぼ丸まったレンガの粒子が大量に含まれていた。そこのレンガ屑は、穴の中に放り込まれて以後、いかなる摩耗も受けてこなかったはずである。ここでも、歩道を作るにあたり、小さく砕いたレンガ片とモルタルのかけらが敷かれ、四～六インチの厚さの砂利で覆われた。この歩道で採取された糞塊からは、六個の小さなレンガ片が見つかった。そのうちの三個は明らかに摩耗していた。硬いモルタルの粒子も多数見つかったのだが、そのおよそ半数は大いに丸みを帯びていた。それらの粒子が、わずか七年の間に炭酸の作用でそれほどまで溶けたとは、とても思えない。ミミズの砂嚢内で硬いものが摩耗することのさらに良い証拠は、古代の建物があった場所に排泄された糞塊に混じっている、タイルやレンガの小さなかけらや、コンクリートの小片の状態から得られる。畑を覆うすべての腐植土は、数年ごとにミミズの体内を通過している。したがって、何世紀もの間に、同じかけらが何度も飲み込まれて地表に運び上げられていることだろう。次に掲げる何例かは、まず最初に糞塊から細かい粒子を洗い出し、レンガ、タイル、コンクリートの粒子を無差別にすべて集めてから選別した結果であることを、あらかじめことわっておく。アビンジャーのローマ時代の遺跡の埋もれていた床の一つで、タイルの隙間に排泄されていた糞塊には、タイルとコンクリートの(直径〇・五〜一ミリの)粒子がたくさん混じっていた。肉眼でも、倍率の大きなレンズでも見えないほどの微細さだったため、それらのほぼすべてが大幅に摩耗していたかどうかは、しばし疑問だった。私は、アンリ・ド・ソシュール氏(8)が親切にも送ってくれたローマ時代のレンガが水の作用で摩耗した小さな丸石を調べてみた。ソシュール氏はそれを、ジュネーブ湖の、かつては水面が二メートルも高かった当時の湖岸の砂利から採集した。ジュネーブから届いたレンガの摩耗した小石のなかで最小の石は、ミミズの砂嚢から取り出した多くの粒子とよく似ていたが、大きめのものは表面がつるつるしていた。

ブレイディングにあるローマ時代の住居遺跡で最近掘り出された大きな部屋のタイ

ル張りの床の上に、四つの糞塊があった。それらには、タイルやレンガ、モルタル、硬くて白いセメントなどの粒が多数含まれていた。しかもその大半は明らかに摩耗していた。しかしモルタルの粒は、摩耗というよりはむしろ一部溶けているように見えた。粒の表面から石英ガラスの結晶が突き出ているものが多かったからである。ヘンリー八世が破壊したビューリー修道院の身廊内から採集された糞塊は、敷石の舗道の上を覆う、ミミズの穴がある水平な広い芝生の上にあったものだった。それらの糞塊には、タイル、レンガ、コンクリート、セメントの粒がやたらにたくさん含まれていた。しかもそれらの大半は、明らかに多少なりとも摩耗していた。そのほか、角が丸まった雲母片岩の微小な破片も含まれていた。いずれの場合もみな、同一の微小なかけらはミミズの砂囊を何度も通過しているという前述の想定が正しい可能性が高いにもかかわらず、もし否定されるとしたら、糞塊からたくさん見つかる丸まったかけらはみな、ミミズが飲み込む前にたまたま摩耗していたと仮定せざるをえなくなる。し

(8) アンリ・ルイ・フレデリク・ド・ソシュール（一八二九〜一九〇五）　スイスの鉱物学者、昆虫学者。言語学の父と呼ばれているフェルディナン・ド・ソシュールの父。この丸石は一八八一年三月一四日に送られ、ダーウィンは三月一七日礼状を返している。

かしそれはありそうにないことだ。

　それとは別に言っておかなければならないことがある。ふつうのタイルやレンガよりもいくらか硬い装飾タイルのかけらを飼育中のミミズが飲み込んだことがあったのだが、ごくごく小さい粒の一、二の疑わしい例外を除けば、まったく丸まっていなかった。ただしなかには、丸みを帯びるほどではないが、わずかだけ摩耗しているように見えるものもあった。そうした例はあるものの、前述の証拠を考え合わせると、ミミズの砂嚢の中で石臼として機能するレンガなどのかけらは、よほど硬いものでないかぎり、ある程度は摩耗されると考えてよい。さらには、ミミズが常習的に驚くほど大量に飲み込んでいる土の中の小さな粒は、互いにこすりあわされて微粒子となることも、疑う余地はないだろう。それが事実だとしたら、糞塊の主成分である「微細な土（テラ・テニュイシマ）」――「極端に細かい粉末《パテ》」――は、ある程度は砂嚢の物理作用によるものである。[*74] しかも、次章で詳しく見るように、激しい雨が降るたびに、あらゆる畑の上の無数の糞塊から主に洗い流されているのが、この微細な粒子なのだ。柔らかい石がすりつぶされるなら、硬い石も摩耗や摩滅をいくらかは受けることだろう。

ミミズの砂囊内で石の粒が粉砕されることは、地質学的に見ると、その第一印象以上に重要な意味をもつ。ソービー氏(9)は、通常の崩壊作用、すなわち流水や海の波の作用は、岩のかけらが小さくなればなるほど、必要とする力は少なくてすむことをみごとに証明している。「したがって、表面張力に応じて水流が微細粒子を余分に浮かび上がらせることを考慮しないにしても、粒子の形状を摩滅させる効果は粒子の直径などに正比例して変化するはずである。そうだとしたら、直径〇・一インチの粒子は直径〇・〇一インチの粒子の一〇倍、直径〇・〇〇一インチの粒子の一〇〇倍も摩耗させられることになる。そうするとおそらく、直径〇・一インチの粒子が一マイル流される間に受ける摩耗は、直径〇・〇一インチの粒子が一〇〇マイル流される間に受ける摩耗と同じかそれ以上になると言ってもよいかもしれない。それと同じ原理で、直径一インチの小石は、数百ヤード流されただけでも、相対的に大きな摩耗を受けることになる」*75というのだ。ミミズが岩の粒子を砕く際に発揮する力を考えると、忘れて

(9)　ヘンリー・クリフトン・ソービー（一八二六〜一九〇八）　イギリスの地質学者。顕微鏡を用いた岩石や鉱物観察の創始者。ダーウィンと四通の文通記録がある。

はいけないことがある。ミミズの生息に適するくらいに湿っていて、砂や砂利や石が多すぎない土地一エーカーあたり、一年に一〇トン以上の土がミミズの体内を通過し、地表に運び上げられているという確実な証拠が存在することだ。イギリスの国土全体で考えると、地質学的にはさほど長くない一〇〇万年くらいの期間でさえ、この結果は無視できないものとなる。一〇トンという土の量を一〇〇万倍し、それに、多数のミミズが生息している土地の面積をかけ合わせるとどうなるか。イングランドとスコットランドの、ミミズの生息に適した耕作地の面積は、三二〇〇万エーカーを超えると推定されている。つまり、三二〇兆トンの土がミミズの体内を通過するのだ。

＊56 On the denudation of South Wales,&c., Memoirs of the Geological Survey of Great Britain, vol. i., 1846, p. 297.

＊57 Geological Magazine, October and November, 1867, vol. iv. pp. 447 – 483. この注目すべき報告には、この問題に関するたくさんの参考文献があげられている。

＊58 A. Tylor, On changes of the sea-level,&c., Philosophical Mag. (Ser. 4th) vol. v., 1853, p. 258. Archibald Geikie, Transactions Geolog. Soc. of Glasgow, vol. iii., p. 153 (March, 1868). Croll, On Geological Time, Philosophical Mag., May, August, and November,

1868. Croll. Climate and Time. Chap. XX 1875も参照。河川が運び去る堆積物の量に関する最近の情報は Nature, Sept. 23rd, 1880を参照。T・メラード・リードは、莫大な量が川の水に溶けて運ばれることに関する論文を何編か出版している。Geolog. Soc., Liverpool, 1876-77を参照。

＊59 An account of the fine dust which often falls on Vessels in the Atlantic Ocean, Proc. Geolog. Soc. of London, June 4th, 1845.

＊60 ラプラタに関しては、私のビーグル号航海をまとめた Journal of Researches 1845, p.133を参照。エリー・ド・ボーモンは、いくつかの国で吹き飛ばされている砂塵の量に関するすばらしい報告をしている（Leçons de Géolog. pratique, tom. I. 1845, p. 183）。私に言わせれば、プロクター氏（Pleasant Ways in Science, 1879, p.379）は、イギリスのような湿潤な国での砂塵の作用をいささか過大視している。ジェイムズ・ギーキー（Prehistoric Europe, 1880, p. 165）は、リヒトホーフェンの見解の概要を、反論を交えて紹介している。

＊61 これらの数値は、ヘンゼン氏のZeitschrift für wissenschaft. Zoologie, Bd. xxviii., 1877, p.360による。ピートに関する数値は、A・A・ジュリアン氏のProc. American Assoc. Science, 1879, p. 314.

＊62 泥炭の形成に必要ないし好適な気候に関しては、Journal of Researches 1845, p. 287でいくつかの事実をあげている。

＊63 A. A. Julien, On the Geological action of the Humus-acids, Proc. American Assoc. Science, vol. xxviii., 1879, p.311. American Naturalist. に引用されているChemical erosion on Mountain Summits; New York Academy of Sciences, Oct. 14, 1878も参照。この問題については S. W. Johnson, How Crops Feed, 1870, p. 138も参照。

＊64 この問題の文献については、S. W. Johnson How Crops Feed, 1870, p. 326を参照。

＊65 ジュリアン氏の論文Proc. American Assoc. Science, vol. xxviii., 1879, p. 330による。

＊66 腐植土と芝が地表を覆うことによる保存作用の強さは、岩に残された氷河による擦痕が完全な状態で保存されているのが見つかることで明らかとなる場合が多い。J・ギーキー氏は、きわめて興味深い最新の著作（Prehistoric Europe, 1881）で、次のように書いている。「さらに完全な擦痕は、おそらく、長期にわたって断続的に続いた氷期の最後に寒気が増し氷が増えたせいなのだろう」

＊67 多くの地質学者は、地表での削剝によってチョークが取り除かれている、ほぼ水平な広い地域の地表にはフリントが全く見られないことに、大きな驚きを抱いてきた。すべてのフリントの表面は、不透明に変質した層でコーティングされているが、尖った鉄製の杭で砕けてしまう。ところが、割れたばかりの半透明の表面だとそうはならない。露出した状態で放置されたフリントの変質した表面が大気の作用によって除去される過程は、とてもゆっくりで

はあるが、内部に向かう変質と相まって、きわめて頑丈そうに見えるフリントを最終的には完全な崩壊に導くようだ。

＊68 Archives de Zoolog. expér. tom. iii. 1874, p. 409.

＊69 Nouvelles Archives du Muséum, tom. viii. 1872, p. 95, 131.

＊70 モレンは、消化管内の土について、「小石まじりの飼い葉桶」と評している。De Lumbrici terrestris, Hist. Nat. &c., 1829, p. 16.

＊71 Perrier, Archives de Zoolog. expér. tom. iii. 1874, p. 419.

＊72 Morren, De Lumbrici terrestris, Hist. Nat. &c., 1829, p. 16.

＊73 Archives de Zoolog. expér. tom. iii. 1874, p. 418.

＊74 この結論は、あちこちの環礁にあるラグーン内で見つかる、きわめて細かい石灰質の大量の泥を思い起こさせる。ラグーン内はとても波穏やかで、サンゴ礁が波で粉々にされるようなことはない。それらの泥の成因は、死んだサンゴに穿孔している環形動物を始めとする多数の動物や、生きているサンゴをかじる魚やナマコなどであるはずだというのが私の意見である（The Structure and Distribution of Coral-Reefs, 2nd edit. 1874, p. 19）

＊75 英国地質学会会長講演 The Quarterly Journal of the Geological Soc. May 1880, p. 59.

6章　土地の削剝（承前）

これで、土地の削剥においてミミズがはたしている、より直接的な役割について考察する準備が整った。土地の削剥を考えるにあたっては、芝生で覆われた水平ないし勾配がごく緩い地表は、長い時間が経過する中でも損失を受けずにすむと、他の研究者同様、私も以前は思っていた。ただし長い目で見ると、雨による山津波や豪雨によって、緩やかな傾斜地からでもすべての腐植土が流されるとの主張もありうる。しかし、かつてロイ渓谷の草で覆われた急斜面を調べた際には、湖岸の三本の「周回路」がそのままの状態でよく保存されていたことから明らかなように、氷河期以降、そのような出来事はごくまれであるという事実に驚かされた。それでも、植生で覆われ、根系にしっかりと抱かれた緩やかな傾斜地からでも、相当量の土が除去されうると信じることへの疑念は、ミミズの働きを知ることによって払拭される。降雨中あるいは激しい雨が降る少し前に排泄された糞塊の多くは、傾斜地を少しは流れ下るからだ。さらに、微粒子状の土にいたっては、糞塊から完全に洗い流される。乾燥した気候が続くと、糞塊が崩れて小さな丸粒となることが多く、そうなると自重によって斜面を転がり落ちるようになる。風に吹かれたり、ときにはほんの小さな動物が接触しただけでも転がりやすい。後ほど述べるように、糞塊が柔らかいと、乾燥した丸粒の糞塊と同じように、平らな畑の上のすべての糞塊が強風によって風下に飛ばされる。風向きが地面の傾斜している向きと一致していると、糞塊の落下はなおいっそう促進される。

これらの主張の根拠となる観察を、いささか詳しく見てみることにしよう。排泄されたばかりの糞塊は、ねばねばで柔らかい。雨が降るとミミズは糞をしたがるようだ。そういう場合の糞塊はなおさら柔らかい。そのため私は、雨が降っているとき、ミミズはたくさんの水を飲んでいるにちがいないと思うことがあった。それはそれとして、長雨だと、たとえ土砂降りではなくても、排泄されて間もない糞塊は半液状になる。すると平らな土地だと、蜂蜜やとても薄いモルタルがそうなるように、糞塊は薄い円盤状となり、にょろにょろした形状ではなくなる。その円盤が糞塊の名残であることは、引き続いてミミズがそういう円盤の真ん中を突き破り、その真ん中に新鮮なにょろにょろした塊を積み上げたことで明瞭となった。私はそうした平べったい円盤を、激しい雨の後、あらゆる種類の多くの場所で何度も見かけた。

湿った糞塊が流出することと乾いて崩れた糞塊が傾斜地を転がり落ちることについて

激しい雨が降る最中かその直前、傾斜地に排泄された糞塊は、必ず斜面を少しは流れ下る。いつとも知れないほど昔から今の状態を保ってきた雑草が生い茂るノールパークの急傾斜地で、雨が何日も続いた後で（一八七二年一〇月二二日に）私は、たくさんあった糞塊のほとんどすべてが斜面に沿ってかなり長い尾を引いているのを見つけた。その時点では、円錐形の状態をわずかだけとどめた滑らかな形状をしていた。土が排泄されていた巣穴では、斜面の上側よりも下側にたくさんの土がたまっていた。ダウンに近い、勾配がかなりきつい二つの畑の跡を、激しい嵐の後（一八七二年六月二五日）に訪れてみた。そこは、以前は耕作されていたのだが、現在は貧相な草がまばらに生えている状態だった。そこにはたくさんの糞塊が長い尾を引いていた。その長さは五インチもあり、同じ場所の平らな部分に排泄されていた糞塊の平均的な直径の二、三倍だった。ホルウッドパーク(1)の、八度から一一度三〇分の勾配で傾斜しているみごとな草地は、地表に人間の手が加わった形跡は全く見当たらない。そこでは尋常ではない数の糞塊が見られた。斜面の横方向一六インチ、縦方向六インチの区画は、一様に固まって沈殿した糞で草の葉のあいだは完全に覆われていた。そこでも、糞塊が斜面を流れ下り、六インチ、七インチ、七・五インチの細長い滑らかな土ができている場所が見つかった。なかには、一つの糞塊にもう一つの糞塊が乗っかり、区別がつきにくいほど合体したものもあった。細かい芝で覆われたわが家の芝生で見つかる糞塊は、たいていは黒色であるが、黄色い糞塊もある。それらは通常よりも地中の深いところから運び上げられた土なのだろう。激しい雨が降った後は、勾配五度の斜面を黄色い糞塊が流れ下った跡がはっきりとわかった。勾配が一度未満の場所でも、流れ下った跡が確認できた。弱い雨が一八時間ほど続いた後で調べたときは、勾配のゆるい芝生の上の糞塊はみな、にょろにょろした形状を失っていた。しかもそれらは流されていて、排泄されていた土の三分の二は、巣穴の下方にたまっていた。

こうした観察から、私は他の例をさらに注意深く観察するようになった。細い葉が密に茂ったわが家の芝生で八個、雑草が生えた畑で三個の糞塊を見つけた。一一個の糞塊を見つけた場所の勾配は、四度三〇分から一七度三〇分の範囲だった。一一カ所の平均をとると、九度二六分だった。まずは傾斜している方向に伸びた糞塊の長さを、形状の不規則さが許す範囲でできるだけ正確に測ってみた。およそ八分の一インチの精度で測定可能なことがわかったのだが、一個だけ、計測できないほど形状が不規則だった。それを除く一〇個の傾斜方向に伸びた長さの平均は二・〇三インチだった。次に、芝を刈って巣穴を見つけ、その上の糞塊を、傾斜方向と直角に巣穴を横切るようにナイフで二分割した。そして、巣穴の上方側と下方側の土を別々に採取して、それぞれの重さを測った。どの糞塊についても、巣穴の下方の土のほうが多かった。巣穴上方の土の平均は一〇三グレーン［六・七グラム］で、下方の平均は二〇五グレーン［一三・三グラム］だったのだ。下方のほうがおよそ二倍の量だったわけである。平らな地面だと、糞塊は巣穴の周りにほぼ均等に排泄されるのがふつうである。したがってこの重量の違いは、斜面を流された土の量を反映している。しかし、一般的な結果を得るにはさらに多くの観察を重ねる必要があるだろう。斜面を流れ下った土の量を決めるにあたっては、植生のほか、雨の強さ、風の向きと強さなどといった偶発的な状況のほうが、勾配よりも重要に思えるからだ。たとえば、わが家の勾配七度一

（1）ダウンの北三キロほどに位置する八三ヘクタールの緑地。弁護士で政治家として活躍したロバート・モンジー、クランワース男爵の住居があった。

九分の芝生上で採取した四個の糞塊（前記の一一個に含まれる）の、巣穴の上方と下方の重量差は、同じ芝生の勾配一二度五分の場所で採取した三個の重量差よりも大きかった。

とはいえ、できるかぎり正確に測定した前記の一一例を、平均勾配九度二六分の斜面に沿ってミミズの糞塊から一年間に流れ下る土の総量を計算するためのデータとして採用してもよいだろう。その算出法は息子のジョージが考えた。糞塊として排泄された土の三分の二は、巣穴の下方から見つかり、上方から見つかるのは三分の一である。巣穴の下方にある全体の三分の二の土を二等分すれば、この三分の二の部分の上半分は、巣穴の上方にある三分の一の土と同じ重さになる。すると、巣穴上方の三分の一と下方の三分の二のうちの上半分は、斜面を流れ下らない。一方、下方にある三分の二のうちの下半分の土は、ある一定の幅で流れ下っているので、流れ下った幅の中間点と巣穴との距離で流出の距離を表せる。つまり、移動距離の平均は、ミミズの糞塊の全長の半分ということになる。前記の一一個の糞塊のうちの一〇個の長さの平均は二・〇三インチなので、その半分の長さとして一インチを採用しよう。そういうわけで、この場合、地表に運び上げられた土の総量の三分の一がこの斜面を一インチ流れ下ったと結論できる。

3章で示したように、リースヒルのコモンズでは、一平方ヤードの正方形の区画あたり一年間にミミズが地表に運び上げる土の乾燥重量は、少なくとも七・四五三ポンドになる。丘の斜面に、斜面と水平になるように一ヤード四方の区画をとり、土の移動は一インチ（三六分の一ヤード）だとしたら、その区画に運び上げられる土の三六分の一だけが区画の底辺を横切ることになる。しかし、運び上げられる土のうち、流れ下ると考えられるのは三分の一だけだと思われる。そうだとすると三六分の一の三分の一、すなわち七・四五三ポンドの一〇八分の一が一ヤードの区画の底辺を越えて流れ下ることになる。その量は、一・一オンスになる。したがって、乾燥重量にして一・一オンスの土が、前記の斜面に沿って、水平方向一ヤードの線を越えて流れ下ることになる。あるいは、一一〇オンス、およそ七ポンド［約三・二キロ］の土が、この勾配をもつ丘の斜面を、水平方向一〇〇ヤードの長さの線を毎年越えて流れ下っているという言い方もできる。

同じ斜面に水平に引かれた一ヤードの線を越えて流れ下る、自然状態の湿った土の量を、それでもまだ概算ではあるが、より正確に算出することができる。3章で紹介したいくつかの例から、一平方ヤードの正方形の区画の地表に一年間に運び上げられる糞塊の量は、地表に一様に広げれば、厚さ〇・二インチになる。すると、同様の計算により、〇・二かける三六の三分の一、すなわち二・四立方インチの湿った土が、毎年、前記の斜面上に水平にひかれた長さ一ヤードの直線を越えることになる。この湿った糞塊の総量は、一・八五オンスになる。したがって、前記の計算で算出した七ポンドの乾燥重量に代えて、一一・五六ポンドの湿った土が、斜面上に水平に引いた一〇〇ヤードの直線を越えることになる。

以上の計算では、一年間に糞塊が流れ下るのは短い距離だけという前提に立っていた。しかしこの前提が成り立つのは、降雨中か降雨前に排泄された糞塊についてだけである。したがって前記の結果はかなり過大に見積もられている。その一方で、降雨中は、たとえ勾配がきわめて緩い斜面であっても、細かい土の多くが糞塊からかなりの距離まで洗い流される。前記の計算結果からは、この量は完全に抜けている。晴れた日に排泄されて固くなった糞塊からも、かなりの量の細かい土が同じようにして消える。しかも、乾燥した糞塊は小さな丸薬状に分解しやすいため、ちょっとした斜面でも転がり落ちたり吹き飛ばされやすい。したがって前記の、一年間に一ヤードの線を越えて流れ下る土の量は二・四立方インチ（湿った重量では一・八五オンス）という計算結果は、過大ではあるにしても、さほどでもないかもしれない。

この量は取るに足らない。しかし、たくさんの枝分かれした谷が国中を横切っていることを忘れてはいけない。その長さを足し合わせると、すごい長さになるはずだ。しかも、個々の谷の両側の草の生えた斜面を、土が着実に流れ落ちていることを忘れてはいけない。前述の例のような斜面にはさまれた谷では、一〇〇ヤードの水平線ごとに、四八〇立方インチの湿った土、重量にして二三ポンドの土が、毎年谷底に達している。谷底には土が厚く堆積するものの、そこをくねくねと流れる沢によって、何世紀ものあいだには押し流されることになる。

一般的にミミズは、斜面に対して直角にトンネルを掘るとしたら、地中の土を運び上げる距離は最短になる。しかしそうすると、古くなったトンネルは上を覆う土の重さで崩壊し、腐植土層全体が沈むか、傾斜した地表をゆっくりと滑り落ちることになる。ところが、トンネルの方向を確認するのはやっかいで困難をきわめることだとわかった。それでも、何カ所かの斜面に掘られた二五個の巣穴にまっすぐな針金を差し込んでみたところ、斜面に直角なトンネルが八例で確認できた。その一方で、残りの一七例は、斜面に対して上向きか下向きかのいずれかで、角度はばらばらだった。

熱帯のように激しい雨が降る土地では、予想に難くないことだが、糞塊が流される距離はイングランドよりも長くなるようだ。スコット氏から寄せられた情報によれば、カルカッタでは、（前述した）通常の直径が一～一・五インチもある高い塔状の糞塊が、激しい雨の後は平らな地面の上でつぶれ、直径が三～四インチ、ときには五インチものほぼ円形の平らな円盤になるという。カルカッタ植物園の「粘土質の人工の土手の、わずかに傾斜し草に覆われた斜面」に排泄されていた三個の新鮮な糞を慎重に測定したところ、高さの平均は二・一七インチ、平均直径は一・四三インチだった。それが激しい雨の後には、傾斜している方向に平均五・八三インチ伸びた土の塊になっていたという。その土塊は、斜面の上にあまり広がっていなかった。ということは、元の直径から判断して、土の大部分は丸ごと四インチほど下方に流れたにちがいない。さらには、糞塊に含まれていたうちで最も細かい土の一部は、さらに遠くまで完全に流れ去ったにちがいない。カルカッタ付近のもっと乾燥した場所では、ある種のミミズが、ニョロニョロ状ではなく、さまざまなサイズの小さな丸薬状の糞塊を排泄している。スコット氏によれば、場所によってはそういう糞塊が大量にあり、それらが「激しい雨が降るたびごとに流されている」という。

私は、降雨中、かなりの量の細かい土が糞塊から、それも表面がざらざらの粒子となっている古い糞塊の表面から遠く離れた場所まで流されると信じるようになった。そこで凝固した細かいチョークの粒を唾やアラビアゴム液で湿らせて、新鮮な糞塊と同じ粘度にしたものを糞塊のてっぺんに乗せてそっと混ぜ合わせてみた。そしてそれらの糞塊に、目の細かいじょうろから水をかけた。それは、ふつうの雨よりはやや大きな水滴だが、雷雨にくらべれば細かい水滴で、土砂降り時のように地面を打つほどでもなかった。先の処理をした糞塊は、この散水に対して、粘着度から予想されるように、驚くほどゆっくりと沈んでいった。糞塊は、勾配一六度二〇分の芝地でも、その表面を丸ごと流れ落ちることはなかった。それでも、糞塊から三インチ下方でたくさんのチョーク粒子が見つかった。この実験を、勾配がそれぞれ二度三〇分、三度、六度の芝地で繰り返してみた。すると、糞塊から四～五インチの距離でチョーク粒子が確認された。芝生の表面が乾いた後だと、二例で五～六インチ離れたところで粒子が見つかった。チョーク粒子をてっぺんに乗せた別の糞塊を、自然の雨にさらしてみた。一例では、激しくない雨の後、糞塊には長くて白い縦じまができた。他の二例では、糞塊から一インチの範囲で地表が白くなった。その例で、勾配七度の斜面上の糞塊から二・五インチの距離から集めた土を酸に浸けたところ、わずかな泡が出た。一、二週間後、チョーク粒子は、乗せた糞塊から完全に、あるいはほぼ完全に流れ去り、糞塊は元の色に戻った。

ここで述べておいたほうがよいことがある。土砂降りの後、平らな畑やほぼ平らな畑には浅い水たまりができることがある。そういう場所は土に透過性がないためで、そういう水たまりの水は、たいてい泥水である。そういう水たまりが干上がると、底にあった草の葉は薄く泥に覆われているのがふつうである。その泥は、大半が排泄されたばかりの糞塊に由来するものだと、私は信じている。

キング博士からの情報によれば、前述したように博士がインド、ニルギリ丘陵の草の生えていない砂利の小山で見つけた巨大な糞塊の大半は、その前に吹いた北東のモンスーン(季節風)にそこそこさらされていた。そのため、大半の糞塊は崩れたような見かけをしていたという。その地方のミミズが糞塊を排泄するのは雨季だけである。キング博士がその地を訪れたのは、一一〇日間も雨が降っていない時期だった。博士は、巨大な糞塊があった場所と小山の麓の小さな水路のあいだを丹念に調べたが、細かい土が堆積している場所はなかった。崩れた糞塊がすべて移動させられていなかったとしたら必ずそこに細かい土の堆積が残されていていいはずなのになかったのだ。そこで博士は、巨大な糞塊は、毎年（およそ一〇〇インチの降雨量がある）二つのモンスーンのあいだに小さな水路にすべて流され、三〇〇〇ないし四〇〇〇フィート下の平原に流れ下ったからだと、ためらうことなく断言している。

好天の前かその最中に排泄された糞塊は、腸の分泌物によって土の粒子が固められるせいで固くなる。ときには驚くほど固くなる場合もある。霜が糞塊の崩壊に及ぼす効果は、思うほど大きくはないようだ。それでも、雨で濡らされては乾くということが繰り返されることで、糞塊は小さな丸粒に崩壊しやすくなる。降雨の際に糞塊が斜面を流されるときも、それと同じように崩壊していく。そのような丸粒は、どのような斜面でも少しは転がり落ちる。風がそれを後押しすることもある。私の土地の中にある幅の広い乾いた溝の底には、新鮮な糞塊はほとんどなかったが、糞塊が分解してできた丸粒や崩壊した糞塊が勾配二七度の急斜面を転がり落ちてきて、そこを埋め尽くしていた。

前述した円柱状の巨大な糞塊が見つかるニースの土壌は、とても細かい砂まじりのローム［砂、シルト、粘土が適度に混じった土壌］でできている。キング博士の話では、そうした糞塊は好天時には崩れて小さなかけらになりやすいという。そういうかけらは、雨が降るとすぐに影響を受け、形が崩れて周囲の土と見分けがつかなくなる。博士は、土手の頂上で集めたそのように崩壊した糞塊を大量に送ってくれた。つまりそれらは、どこかから転がってきた糞塊ではなく、そこで排泄された糞塊ということになる。それらが排泄されたのは五、六カ月以内のはずなのだが、直径が〇・七五インチから微小な粒や塵まで、あらゆるサイズのほぼ球形のかけらでできていた。キング博士は、完全な糞塊が乾燥して崩壊する様を目撃し、崩壊した糞塊を後で送ってくれた。スコット氏も、カルカッタとシッキム地方の山地の暑い乾季に起こる糞塊の崩壊に注目している。

ニースでは、斜面に排泄された糞塊は、分解したかけらはその独特の形状を損なわないまま転がり落ちていた。場所によっては、そういう糞塊のかけらを「かごに何杯も集める」ことができた。キング氏は、崖を流れ落ちる水を集めるために作られた、幅がおよそ二・五フィート、深さ九インチの排水路がある崖道でこの驚くべき例を目撃した。その排水路の底は、何百ヤードにもわたって、深さ一・五〜三インチで、崩れた糞塊が、その特徴的な形状を残したまま溜まっていたのだ。それら無数のかけらのほとんどはみな、崖の上から転がり落ちてきたものだった。排水路の中で排泄された糞塊はほとんどなかったからだ。その山腹は急勾配なのだが、傾斜の度合いはいろいろで、キング博士の推定では三〇度から六〇度の範囲だった。斜面を登った博士によれば、「地面の凸凹や石や枝などによって落下をせき止められてできた糞塊のかけらの小さな堤をそこかしこに見つけた。アネモネ・ホルテンシスの小群落がそれと同じ作用をしていて、とても小さな土手がその周囲に形成されていた。その土の多くは砕けていたが、まだ糞塊の形を残していたものも多かった」という。キング博士がアネモネを掘ったところ、根茎の根頭《こんとう》の上に堆積したばかりにちがいない土の厚さに驚かされた。葉柄の白い部分の長さが、糞塊の堆積がない場所に生えていた同じ種類の植物のそれとくらべると著しく長かったのだ。そこに堆積していた土は、明らかにその植物の小さな根によって（私がいたるところで見たように）確保されていた。キング博士は、このような例を記述した上で、「ミミズが削剥作用に大きな力を貸していることは疑いない」と結論している。

急峻な山腹にできた土の棚

世界各地の急勾配の草地の斜面では、水平方向に小さな棚が幾重にも重なっているのが見られる。それらは、草を食む動物が斜面上の水平方向の同じ線上を繰り返し往復したことによって形成されたものとされてきた。そういう動物は確かにそういう歩き方をしてその棚を利用している。しかし（細心の観察家である）ヘンズロー教授(2)は、それが唯一の成因だとは思えないと、サー・J・フッカー(3)に語っている。サー・J・フッカーは、家畜などおらず、野生の草食動物も少ないヒマラヤやアトラス山脈でそのような棚を見ていた。ただし、野生動物が、夜間に草を食む際に家畜と同じようにそういう棚を利用している可能性はある。私は友人(4)に、スイスアルプスのそういう棚を観察するよう依頼した。そこでは、長さは三〜四フィートの棚が折り重なっており、幅は一フィートほどだったという。棚には放牧されている牛の踏み跡が深く穿たれていた。同じ友人は、ここチョークダウンズや、（石切り場から捨てられた）チョークの破片からなる古いがれ場が芝で覆われた場所でも、似たような棚を目にしていた。

息子のフランシスがルイス(5)付近のチョークの崖を調べた。そこには、勾配四〇度の急斜面の一部に、長さ一〇〇ヤード［九一センチ］以上の平らな棚が三〇個ほどあった。棚と棚の上下の距離は二〇インチほどで、棚の幅は九〜一〇インチだった。遠くから見ると、棚が平行に並んだ光景は壮観である。しかし近くから見ると、かなり曲がりくねっていて、二つの棚が合流している箇所も多く、一つの棚が二つに分岐しているように見えるものもある。棚の土は白っぽくて、外側の最も高いところは、一つの例で九インチ、別の例では六〜七インチだった。棚の上、チョーク層の上を覆っている土の厚さは、先ほどの最も高い棚で四インチ、別の例では三インチしかなかった。斜面のなかで草がいちばん生えている場所は棚の外側の縁で、房飾りのように見えていた。棚の中央部は裸地だったのだが、それが、そこを時折訪れる羊が踏み固めたせいなのかどうか、フランシスには確かめられなかった。その裸地の部分を構成する土

（2）ジョン・スティーブンス・ヘンズロー（一七九六〜一八六一）ケンブリッジ大学の植物学者、地質学者。ダーウィンの大学時代の恩師。

（3）ジョセフ・ダルトン・フッカー（一八一七〜一九一一）植物学者、一八六五年から父の跡を継いでキュー植物園園長となる。ダーウィンが最も心を許した友人。ヘンズローの娘婿。

（4）息子フランシスの婚約者エイミー・ラックのこと。

（5）ロンドンの南七一キロの町。イギリス南岸に近い。

のうちどれだけが、上方から転がり落ちてきたミミズの崩れた糞塊なのかについても、フランシスは確信がもてなかった。しかし彼は、一部の土はそうした糞塊に由来するものだと確信した。草の房飾りをもつ棚が、上方から転がり落ちてくる小物体なら何でもそこで受け止めてしまうことは明らかだったからだ。

そうした棚が存在する斜面の一方の端の側面には、チョークがむき出しになっている部分があり、そういう部分の棚はとても不規則だった。斜面のもう一方の端では、傾斜が突如として緩やかになり、棚はそこでかなり唐突に終わっていた。それでも、一フィートか二フィートくらいの畝《うね》は存在していた。斜面は丘を下るほど急勾配となり、そこからまた規則的な棚が出現していた。私のもう一人の息子が、ビーチー岬(6)の内陸側で観察を行なった。そこの地表は勾配二五度で、前述したような低くて短い畝がたくさんあった。それらの畝は水平に延びていて、長さは数インチから二〜三フィートだった。生い茂った草の房飾りも生えていた。房飾りを形成している腐植土の厚さは、九カ所での平均が四・五インチだった。畝の上と下の腐植土の厚さの平均はわずか三・二インチで、同じ高さの側面では三・一インチだった。斜面の上方にある畝には、羊に踏み固められた跡はなかった。しかし下方には鮮明な踏み跡があった。

そこでは、連続した長い棚は形成されていなかった。キング博士が目撃した崖道では、ミミズの崩れた糞塊が転がり落ちて堆積することで、小さな畝が形成されていた。そういう畝が水平方向に合流することで、棚が形成されることになるのだろう。個々の畝は、せき止められた糞塊が側方に伸びていけば、横方向に伸長していくことだろう。そして、急斜面で草を食む動物は、横方向のほぼ同じ高さにある出っ張りを足掛かりにし、それらのあいだにある草地をへこませることになる。するとこんどはそうした中間のへこみが転がり落ちてくる糞塊をせき止めることになる。不規則な棚がいったんできると、せき止められた糞塊が高いところから低いところへと横方向に転がって高さを増すことで、棚はどんどん規則的になって水平方向に延びていく。棚の下にある出っ張りは、その後は上から転がってくるものがなくなり、雨や風などの作用によって消えていく定めにある。ここで想定した棚の形成と、ライエル[*77]が記述した砂丘の風紋の成因とのあいだには、いくらか似たところがある。スコットランド北部のウェストモーランドにあるグライズデール渓谷の草で覆われ

(6) イギリス南岸の名勝地。チョーク層の白い崖で有名。

た急峻な斜面には、ほぼ水平な小さな棚が無数にあり、小さな崖が並んでいるように見える場所がたくさんあった。しかしミミズがその形成にかかわっているわけではなかった。氷礫土や氷河が運んだ岩の上を草がかなり厚く覆っている場所はたくさんあったが、糞塊はどこにも見当たらなかったからだ（説明のつかないことではあるが）。私が判断する限り、それら小さな崖の形成に牛や羊の踏み固めが密にかかわっている可能性はない。やや粘土質の表土は、草の根によって一部固められている部分もあったが、山腹を全体的に滑り落ちたかのように見えた。そうやって滑った際に、斜面を水平方向に横切るように割れ目が生じたのかもしれない。

風下に吹き飛ばされた糞塊

濡れた糞塊は流れ落ち、崩れた糞塊はどんな斜面でも転がり落ちることは確認したとおりである。ここでは、平らな草地に排泄されて間もない糞塊は、雨を伴う強風が吹くと風下に吹き飛ばされることを確認したい。これは、何年にもわたり私自身が各地で何度も観察したことである。そのような強風が吹いた後、糞塊の風上側の表面は、やや傾斜し、すべすべか、ときにはへこんでいる。それに対して風下側の表面は、急角度になっている。そのため全体の形状は、氷河地形にある岩の小山のミニチュア版の様相を呈している。しかも、上部が下部に覆いかぶさることで、風下側がくぼんでいるものが多い。土砂降りの雨を伴う南西の尋常でない強風が吹いたときは、多くの糞塊が丸ごと吹き飛ばされた結果、巣穴の口は丸裸となり、風上側がむき出しになった。排泄されて間もない糞塊は斜面をふつうに流れ下るのだが、勾配が一〇～一五度の草地では、強風の後、斜面の上方に吹き飛ばされたものがいくつもあった。それよりも傾斜がいくらか緩いわが家の芝生でも一度、同じことが起こった。三つめの例では、強風が吹き下ろす谷の斜面の草地に排泄された糞塊が、まっすぐではなく斜め方向に斜面を移動した。明らかに、風の力と重力の作用が組み合わさった結果である。わが家の芝生の、北東に向かってそれぞれ〇度四五分、一度、三度、三度三〇分（平均すると一度四九分〔後の版で二度四九分に修正された〕）の角度で傾斜した四カ所にあった四個の糞塊を、雨まじりの強い南西風の後、以前やったのと同じしかたで巣穴の口の上方と下方の二つに切り分け、重量を測ってみた。風下にあたる巣穴の下側にあった土の平均は、風上にあたる巣穴の上側にあった土の平均の二・七五倍だった。しかしすでに確認したように、平均勾配九度二六分の斜面を流された何個もの糞塊と、勾配が一二度を超える斜面を流された三個の糞塊では、巣穴の口の上側に対する下側の土の重量は二倍でしかなかった。これらの例からは、排泄されて間もない糞塊を移動させる上で雨を伴う強風がいかに威力を発揮するかがわかる。そういうわけで、比較的強い風でも糞塊の移動にそれなりの力を発揮すると結論してよいだろう。

乾いて固くなった糞塊は、崩壊して小さなかけらや丸粒になると、強風によって吹き飛ばされることがあり、それもおそらくまれなことではない。これについては四つの観察例があるのだが、この点に特に注目した観察ではなかった。勾配の緩い斜面の上にあった古い糞塊は、南西の強風によって遠くまで吹き飛ばされた。キング博士は、ニースでは、古くて粉々になった糞塊のかなりの部分は風で飛ばされると考えている。わが家の芝生上にあった何個かの古い糞塊の位置にピンを刺し、踏まれたりしないようにしておいた。晴天と雨天を繰り返した一〇週間後に調べたところ、黄色っぽい色をしていた糞塊は完全に洗い流されていた。そのことは、周囲の地面の色との比較でわかった。他の糞塊は完全に姿を消していた。明らかに吹き飛ばされたのだ。ただし、残っていたものもあった。糞塊を突き抜けるかたちで草が生えていたもので、それらはこの先も残るだろう。地ならしをされたことがなく、動物が踏み固めたこともないやせた草地では、地表全体に小さな粒つぶが広がっていて、草がその粒をつらぬくかたちかその上から生えていることがある。そうした粒つぶは、ミミズの古い糞塊なのである。

柔らかい糞塊が風下に吹き飛ばされた多くの例では、そのすべてが雨を伴う強風の影響を受けたものだった。イングランド地方では、そのような強風は南風か南西風である。なのでここでは、土は概して北か北東に飛ばされる傾向があるはずだ。平らな草地ではいかなる手段によっても土が移動させられることはありえないとされていたことを考えると、この事実はとても興味深い。平らな土地にあり、風が遮られる深い森だと、森がある限り糞塊が運び去られることはないだろう。そして、ミミズの活動範囲の深さまで、腐植土は堆積していくことになる。雨を伴って南から吹く強風により、開けた平らな土地の上を、どれくらいの量の腐植土が糞塊の形状を残したままの状態で北東方向に吹き飛ばされるかを、大木や生垣の風上側と風下側の地表を観察することで調べようとしてみた。しかしこの企ては失敗した。木の根の成長は不均一だったり、大半の牧草地はかつて耕されたことがあったせいである。

ストーンヘンジのある開けた平原には、外側の直径五〇ヤードの、低い土手で縁取られた円形の浅い溝がいくつもある。その円形の溝は古いものらしく、ドロイド石と同年代と信じられている。その円形の土地の中で排泄された糞塊は、南西風によって北東に吹き飛ばされているとしたら、溝の中の北東側の層が厚いかたちで腐植土の層を形成しているはずである。しかしそこは、ミミズの活動には不向きな場所だった。周囲のフリントを含むチョーク層の上を覆う腐植土の厚さは、土手の外側一〇ヤードの地点六カ所で測定した平均がわずか三・三七インチしかなかったからだ。二つの円形の溝の中の腐植土の厚さを、内側の底に近いところの円周上で五ヤードごとに測り、息子のホーラスがその測定値を図に示した。腐植土の厚さを表した曲線に規則性はなかったが、二つの溝とも、北東側のほうが、それ以外の方角よりも腐植土が厚いことが読み取れた。二つの溝での測定値の平均をとり、描いた曲線を均したところ、円形の溝の、北西方向と北東方向のあいだの四分円の部分の腐植土層がいちばん厚かった。いちばん薄かったのは、南東と南西のあいだの四分円の部分で、特に南西の地点で薄かった。それとは別に、円形の溝の一つの北東側の互いに近い六カ所でも測定した。その平均値は二・二九インチだった。それに対して南西側の六測定値の平均はわずか一・四六インチしかなかった。これらの値は、円形をした溝の中で、腐植土は南西風によって溝の中の北東側に吹き寄せられたことを物語っている。しかし、信頼のおける結果を得るためには、似たような別の例で測定を重ねる必要がある。

糞塊というかたちで地表に運び上げられた後、雨を伴う風に運ばれたり、傾斜地を流れたり転がり落ちたりする細かい土の量は、もちろん、何十年という単位で見れば取るに足りない量である。そうでないとしたら、牧草地のでこぼこは、実際にかかりそうな期間よりもはるかに短い期間で均されていいはずだからだ。しかし、何千年という期間に運ばれる土の量となると無視できない。エリー・ド・ボーモンは、いたるところを覆っている腐植土層を、削剥の量を測る基準線と見なしている。[*77] しかしエリー・ド・ボーモンは、地下の岩や岩のかけらの崩壊によって新しい腐植土が形成され続けている点を無視している。それに比べると、プレイフェア(7)が何年も前に主張した見解のほうがいかにも理にかなっている。プレイフェアは一八〇二年に次のように書いているのだ。「地表を覆い続けている腐植土層の存在こそ、岩の崩壊が絶えず起

(7)　ジョン・プレイフェア（一七四八〜一八一九）　スコットランドの数学者、地質学者。斉一説を説いたジェイムズ・ハットンの『地球の理論』の解説書を出版し、その学説の普及に貢献した。

こっていることの決定的な証拠である」[*78]

古代の陣地や塚

エリー・ド・ボーモンは、多くの古代の陣地や塚、かつて耕されていた畑の現状が、地表はほとんど浸食を受けていない証拠になると主張している。しかし彼が、そのような古い遺跡の様々な場所で腐植土の厚さを調べたことがあるようには思えない。彼の主たる根拠は、古い盛り土の勾配は昔の元の状態と同じであるという、信頼できそうではあるが間接的な証拠である。しかも、そうした盛り土の元々の高さを彼が知りえないことは明らかである。ノールパークでは、射撃場の標的の後ろに堤があった。もともとそれは、芝の四角いマットで覆われた土だったらしい。堤の側面の傾斜は、推定できた範囲では、水平方向に対して四五度か五〇度で、北側の側面は特に、長い草で覆われており、斜面の下からはたくさんのミミズの糞塊が見つかった。それらの糞塊は、丸ごと流されたか、丸粒となって転がり落ちたかだった。したがって、このような堤にミミズがすんでいるかぎり、その高さは徐々に低くなっていく定めにある。堤の斜面を流れ下るか転がり落ちた細かい土は、崖下に堆積する岩くず（崖錐）のような形で堆積する。細かい土の層は、とても薄い層であったとしても、ミミズの生息にとってはきわめて好ましい。そのため、斜面下の堆積層には、他にもましてますます多くの糞塊が排泄されることになる。そしてその一部は、激しい雨が降るたびに洗い流され、隣接する平坦地へと広がっていく。結果的に、堤の全体の高さは減少するものの、側面の傾斜はさほど変化しない。古代の盛り土や塚も、ミミズが好まない砂利や砂だけでできた場所を除き、まちがいなく同様の経過をたどってきたことだろう。古代の砦や塚の多くは、少なくとも二〇〇〇年は経ているとされている。多くの土地では、五年ごとに一インチ、一〇年で二インチの腐植土が地表に運び上げられているということを思い出そう。そういうわけで、二〇〇〇年を経る間には、大半の古代の盛り土や塚の表面、それも特に斜面下の崖錐の上には大量の土が繰り返し運び上げられては、その多くが完全に洗い流されることになる。そこでこう結論できるかもしれない。土の組成がミミズの生息に向いていないものでなければ、すべての古代の塚は、何世紀も経る間に、側面の傾斜はさほど変化しないまでも、高さはいくらか低くなってきたはずだと。

休耕地

はるか昔より、多くの土地が耕されてきた。そのため、たいていは幅八フィートくらいの畝《うね》が畝溝によって分けられている。畝溝は、水はけがよい方向に作られている。私は、耕作地が牧草地に転換された後、そうした畝と畝溝がどれくらいもつのかを確かめようとしたのだが、さまざまな障害に出くわした。まず、耕作がいつやめられたのかがわからない。ずっと昔から牧草地だったと考えられていた土地が、ほんの五、六〇年前まで耕作されていたことが判明したこともあった。一九世紀初めの頃、穀物の価格が高額だった当時、イギリスではあらゆる種類の土地が畑にされていたようだ。それでも古い畝と畝溝の多くは遠い昔からその姿を残していることを疑う理由はない。*79 それらが保存されている期間がまちまちなことは、近年の耕作地でもそうであるように、最初に畝の盛り土がされたときの高さが地域によって大きく異なっていたことの当然の結果なのだろう。

古い牧草地の腐植土は、測定したところではどこでも、畝よりも畝溝のほうが〇・五〜二インチほど厚いことがわかった。これは、土地が牧草で覆われる前に、細かい土が畝から畝溝に洗い流されたことの当然の結果だろう。このことに、ミミズがどれほどの役割を果たしているかは不明である。それでもこれまでの観察結果から、激しい雨によって畝から糞塊が畝溝に流されることはまちがいないだろう。何かのせいで細かい土の層が畝溝に堆積するやいなや、ミミズにとって、そこは絶好の場所となり、どこよりも多くの糞塊がそこに排泄されることになる。傾斜地に作られた畝溝は、地表の水を流しやすい方向に向いているのがふつうである。そのため、そういう畝溝に排泄された糞塊からは細かい土の一部が洗い流され、完全に運び去られることになる。その結果、畝溝はゆっくりと埋められていく一方で、畝の上からは糞塊がゆるい傾斜面を畝溝に向かって流れ落ちたり転がり落ちることで、ゆっくりとではあるが、畝の高さは低くなっていく。

とはいえ、古い畝溝は、傾斜地では特に、時間とともに埋められて消えていくことが予想されるかもしれない。細心の観察眼をもつ人が、私のためにグロスターシャーとスタッフォードシャーの草地を調べてくれた。その報告によると、長いあいだ牧草地だったとされている傾斜地の下方と上方では、畝溝の状態にいかなる違いも見つからなかったという。そして、畝と畝溝は何世紀を経ようとも存続するとの結論を下した。その一方で、場所によっては消滅の過程が始まっているように見える。そこで、ノースウェールズの、六五年ほど前に耕作されていたことがわかっている牧草地で丹念な測定を行なった。そこの勾配は北東方向に一五度で、七フィートしか離れていない畝溝の深さは、斜面の上方では四・五インチほどだったのに対し、痕跡をやっと辿れた斜面の下近くでは一インチしかなかった。南西方向にほぼ同じ傾斜をしている別の牧草地では、斜面の下方では畝溝がほとんど見分けられないほどだった。ただし、隣接する平坦な土地に続いていた畝溝の深さは、二・五〜三・五インチだった。それらとよく似た第三の例も調べてみた。第四の例では、傾斜地の上方にあった畝溝の中の腐植土の厚さは二・五インチで、下方では四・五インチだった。

ストーンヘンジから一マイルほど離れたチョークダウンズで、息子のウィリアムが、勾配八〜一〇度の斜面上の草で覆われた畝溝を調べた。そこは、羊飼いの老人の言では、知っているかぎり耕されたことはなかったという。ウィリアムは、歩幅にして六八歩の範囲一六地点で畝溝の深さを測った。その結果、勾配が最も急で土が堆積しにくい場所のほうが深さが深いことと、斜面の下では畝溝がほとんど消えていることがわかった。そこの斜面上方の畝溝に堆積している腐植土の厚さは二・五インチで、その斜面のすぐ上の、最も急勾配の地点では五インチだった。狭い谷の底、畝溝が続いていたとしたら行き止まりになるはずの地点の腐植土の厚さは七インチだった。谷の反対側には、ほとんど消えそうな畝溝のかすかな痕跡があった。それと似た例は、明瞭さでは劣っていたものの、ストーンヘンジから数マイルの地点でも観察できた。全体的に見て言えることは、かつての耕作地だが、現在は草で覆われている土地の畝と畝溝は、傾斜地ではゆっくりと消滅する傾向にあるということだ。しかもその大部分はミミズの働きによるものだろう。しかし、地面がほぼ水平な土地では、畝と畝溝は長く保存されるようだ。

チョーク層の上での腐植土の形成とその量

チョーク層が地表近くに迫っている、急勾配の牧草地には、とんでもない数のミミズの糞塊が排泄されていることが多い。息子のウィリアムは、ウィンチェスター付近その他の土地でそれを観察している。そのような糞塊の多くは土砂降りの雨によって洗い流されるとしたら、ここダウンズにどうして腐植土がまだ残されているのかを理解するのは、一見すると難しい。腐植土の損失分を補っている明白な仕組みが見当たらないからだ。その上、細かい土の粒子がチョークの亀裂やチョークそのものに浸透することによるもう一つの損失もある。こうしたことを考え合わせた結果、私の頭には、草地の斜面を糞塊というかたちで細かい土が流れ下ったり転がり落ちる量を過大評価していたのではないかという疑心がしばしば生じた。そこで、さらなる情報を探すことにした。チョークダウンズでは、場所によって、その上に排泄された糞塊の大半は石灰質であり、そこならば、石灰質の供給は無尽蔵である。しかし別の場所、たとえばウィンチェスターのテグダウンの一部では、糞塊は真っ黒で、酸に浸しても泡は出なかった。そこのチョーク層上の腐植土の厚さは、三〜四インチしかなかった。ストーンヘンジのある平原でも、腐植土に石灰質は含まれておらず、平均的な厚さは三・五インチを下回っていた。場所によってミミズがチョーク層まで潜ってチョークを運び上げる所とそうしない所があるのはなぜなのか、私にはわからない。土地がほぼ水平な場所の多くでは、角の取れていないフリントをたっぷり含む、厚さ何フィートかの赤い粘土層が白亜紀後期のチョーク層に乗っている。その粘土層は、表面は腐植土で覆われているが、チョーク層の溶けない残滓《ざんし》で構成されている。ここで、私の土地の一つで、糞塊の下に埋まっていたチョークのかけらを思い出してもよいだろう。それらの角は、二九年を経る間に完全に丸みを帯び、水の作用で丸くなった小石を思わせるものだった。これは、雨水や土壌中の炭酸、腐植酸、そして生きている根の腐食作用によるものにちがいない。ほぼ水平な土地では常に、チョーク層の上に残滓が厚く積もっていないことは、細かい粒子は亀裂や固いチョークそのものの中に浸透することで説明がつくかもしれない。チョークにはたくさんの亀裂が走っており、その多くは空洞のままか混じり物のチョークでふさがれている。なのでそのような浸透が起きていることは疑いようがない。息子が、ウィンチェスターの芝生の下から、チョークの粉やかけらを集めてくれた。R・E・パーソンズ陸軍大佐によれば、チョークの粉には一〇パーセント、かけらには八パーセントの土壌成分が含まれていた。サリーのアビンジャー付近の急斜面では、厚さ八インチの腐植土層に覆われた二インチのフリント層のすぐ下のチョークから、三・七パーセントの土壌成分が確認できた。その一方で、白亜紀後期のチョーク層の土壌成分含有率は、たくさんの分析を行なった故デイヴィッド・フォーブズ(8)からかつて聞いた情報では、わずか一、二パー

（8）デイヴィッド・フォーブズ（一八二八〜七六）　地質学者、鉱山技師。一三通の文通記録がある。

セントにすぎない。私の自宅近くの穴から採った二つのサンプルでは、一・三パーセントと〇・六パーセントだった。この数値をあえてあげたのは、チョーク層の上を覆うフリントを含む赤い粘土層の厚さから考えると、そういう場所では下のチョーク層の純度が他の場所よりも低いのではないかと想像していたからである。場所によって残滓の堆積が異なる原因は、早い時期にチョーク層の上に粘土質の層が形成され、その後の土壌成分のチョーク層への浸透を妨げたせいかもしれない。

ここであげた事実から、チョークダウンズの上に排泄された糞塊は、その細かい土がチョーク層に浸透することでいくらかの損失を被ると結論してよいだろう。しかし、そのような不純物を含む表層のチョークは、溶けた際に、純粋なチョークの場合よりも多くの土壌成分を腐植土に加えることになるだろう。浸透による損失のほかに、ここダウンズの草地の斜面では細かい土が確実に流れ下る。しかしこの流失は、やがて減っていく。どれほどの薄さの腐植土層までミミズが生息できるのかはわからないが、いずれは限界に達するせいで、糞塊の排泄は停止するかごくごく少なくなってしまうからだ。

かなりの量の細かい土が洗い流されていることは、以下の事例からわかる。ウィンチェスターのチョーク地帯にある小さな谷をまたぐように、一二ヤードごとに腐植土の厚さを測定した。そこの斜面は、最初は緩やかな勾配で、それからおよそ二〇度になり、谷底に近づくにつれて緩やかになっていた。谷底はほぼ平らで、幅はおよそ五〇ヤードだった。谷底の五地点で測定した腐植土の平均は八・三インチだった。一方、勾配一四〜二〇度の斜面では、平均的な厚さが三・五インチ以下だった。草で覆われた谷底の勾配はわずか二、三度だったので、おそらく、八・三インチの腐植土層の大半は谷の斜面から流されてきたもので、それも上方の勾配が緩いところからのものではない。しかし羊飼いの男性は、突然の雪解けの後で谷に水が流れたのを見たことがあるという。なので、谷の上方から運ばれてきた土があってもおかしくはない。その一方で、谷から運び去られた土もあることだろう。腐植土の厚さに関しては、隣接する谷でもきわめてよく似た結果が得られた。

ウィンチェスターの南東に位置するセントキャサリンズヒルには、高さ三二七フィート、直径四分の一マイルほどの急峻なチョークの円錐形の丘がある。丘の頂上は、古代ローマ人、一説では古代のブリトン人によって陣営に変えられ、深くて幅の広い濠《ほり》がぐるりと掘られていた。濠構築で掘られたチョークの大半は濠の横に積み上げられ、土手が形成された。その土手が、(場所によってはたくさんある) ミミズの糞塊や石などが濠に流されたり転がり落ちるのを食い止めている。丘の上方の陣営跡の腐植土は、ほとんどの場所で二・五〜三・五インチの厚さであることがわかった。それに対して、濠の上の土手のすそでは、たいていのところで八〜九・五インチの厚さだった。土手そのものの上では、腐植土の厚さは一〜一・五インチしかなかった。濠の底では、二・五〜三・五インチだったが、一カ所では六インチもあった。丘の北西側では、濠の上に土手が作られなかったか、後に取り除かれたかである。そのためそこにはミミズの糞塊を阻止するものはなく、土や石は濠の中に流れ込んでいる。濠の底の、腐植土層の厚さは一一〜一二インチだった。ここでも、斜面の他の場所でも、明らかに、異なる時代に上方から転がり落ちてきたチョークのかけらやフリントが腐植土層に含まれていることが多かった。底層をなす割れたチョークの隙間も腐植土で埋められていた。

息子は、この丘の地表を南西方向の麓まで調査した。勾配およそ二四度の斜面をもつ大きな濠の下の腐植土の厚さは、一・五〜二・五インチと、とても薄かった。それに対して、勾配が三、四度しかない斜面の底近くでは、腐植土の厚さが八〜九インチと増えていた。したがって、人工的に改変されたこの丘でも、隣接するチョークダウンズの自然の谷でも、底層をなすチョーク層に浸透する量は不明だが、おそらくそのほとんどはミミズの糞塊に由来する細かい土が洗い流され、低い場所に堆積していると結論してよいだろう。それと、大気その他の作用によってチョークが溶かされることで、新たな土壌成分も供給されると。

＊76　Elements of Geology, 1865, p. 20.
＊77　Leçons de Géologie pratique, 1845; cinquième Leçon. エリー・ド・ボーモンの主張に対するみごとな反論はA・ギーキー教授の論文Transact. Geolog. Soc. of Glasgow, vol. iii. 1868, p. 153を参照。
＊78　Illustrations of the Huttonian Theory of the Earth, p. 107.
＊79　E・タイラー氏は、人類学会の会長講演で次のように述べている（Journal of the Anthropological Institute, May 1880, p. 451）。「ドイツのホッホエッカー（高地の畑）とハイデンネッカー（邪教の畑）に関してベルリンの学会で報告されている論文から、それらは丘と荒れ地にある状況からしてスコットランドの『エルフの畑』に相当するものであるようだ。この人気のある伝説は、低

地の土地は教皇の禁止令下にあったため、人々は高地を耕すようになったという話で説明がつく。スウェーデンの森の中の、昔の『開拓者』によるものとされている耕作地のように、ドイツのハイデンネッカーも、古代の蛮族の耕作地なのだろうと想定できる」

7章　結論

ミミズが世界の歴史において果たしてきた役割は、ほとんどの人が思っているよりも大きい。湿潤な土地ならばほぼどこにでも、とんでもない数のミミズがいる。しかもそのサイズにしては筋肉の力も強い。イングランドの多くの場所では、一エーカー［約〇・四ヘクタール］ごとに乾燥重量にして一年に一〇トン以上（一万五一六キログラム）の土がミミズの体内を通過し、そこここの地表に運び上げられている。結果的に、表層の腐植土全体が、数年ごとにミミズの体内を通過している。古いトンネルが崩れることで、腐植土はゆっくりとではあるが絶えず動いており、それを構成する土の粒は互いにこすり合わされている。このようなやり方で、新たに表層に出た土は、土壌中の炭酸に絶えずさらされており、岩の崩壊に関してさらに大きな効果を発揮すると思われる腐植酸の作用にもさらされている。腐植酸の生成は、ミミズが食べる大量の腐りかけの葉が消化される間に促進されるようだ。したがって、表層の腐植土を形成している土の粒子は、土の分解と崩壊にとってきわめて好都合な条件にさらされている。しかも、もろい岩の粒子の相当な量が、ミミズの筋肉質の砂嚢の中で、石臼の役を果たす小石によって機械的にすりつぶされる。

細かくすりつぶされた湿った糞は、地表に運び上げられると、どんなに緩い斜面でも降雨中に流れ下る。さらに細かい粒子は、ゆるい傾斜地でも遠くまで流される。糞塊は、乾燥すると崩れて小球になることが多く、斜面を転がりやすくなる。土地が平らで草に覆われている場所や、湿潤なため塵が飛ばされないような場所では、地表が侵食されることはそれほどないような印象を受けやすい。しかし、ミミズの糞塊は、湿っていてねばついているときは特に、雨を伴う卓越風によって決まった一方向に吹き飛ばされる。こうしたいくつかの作用により、地表の腐植土がどんどん厚く堆積することは妨げられる。また、厚い腐植土層は、地中の岩や岩屑の崩壊をいろいろなかたちで阻止する。

ミミズの糞塊がこのような作用によって運び去られると、無視しがたい重要な結果をもたらす。年に厚さ〇・二インチの土の層が、多くの場所で地表に運び上げられていることがわかっている。そのうちのほんのわずかでも、あらゆる斜面をわずかな距離を吹き飛ばされたり転がったり洗い流されたり、一方向に繰り返し飛ばされたりするならば、長い時間が経過する中でとても大きな結果が引き起こされる。平均勾配が九度二六分の斜面上では、ミミズが排泄した二・四立方インチの土が、一年間に直線距離にして一ヤード下ることが、測定と計算でわかった。つまり二四〇立方インチの土が一〇〇ヤード下るのだ。この量だと、湿った状態では一一・五ポンドあまりになる。つまり、かなりの量の土が、谷の両斜面を下り続け、やがて谷底に到達することになる。そして最後は、谷底を流れる川によって、陸上から収奪されたあらゆるものの巨大な収容所である海へと運ばれていく。ミシシッピ川が一年に海に運ぶ堆積物の量から、その広大な流域は、毎年、平均して〇・〇〇二六三インチずつ低くなっているはずだとされている。この分だと、四五〇万年後には全流域が海抜ゼロになる計算である。つまり、ミミズが年ごとに地表に運び上げる厚さ〇・二インチという細かい土の層のうちのわずかな部分が運び去られるだけでも、地質学者ならそれほど長いとは思わない期間で重大な結果が必ずやもたらされる。

考古学者は、ミミズに大いに感謝すべきである。地面に落ちた腐らないものなら何でも、糞塊の下に埋めることで悠久の期間にわたって守り保存してくれるからだ。優雅で貴重なタイル張りの舗道など多くの古代遺物も、そうやって保存されてきた。周辺の土地、それも特に耕作地から流されてきたり吹き飛ばされてきた土も、ミミズの仕事を大いに助けてきたことは疑いない。しかし古いテッセラ張りの舗道は、ミミズがその下を不規則に掘ることで、不均一に沈み込む場合が多い。古い大きな壁でさえ、下を掘られて沈下しうる。この点では、ミミズが活動できない深さである、地下六～七フィートに基礎を築かないかぎり、建物は安全ではない。ミミズに下を掘られたことで倒れた記念碑や古い壁はたくさんあったことだろう。

ミミズは、ひげ根をもつ植物の成長やあらゆる種類の芽生えのために、みごとなやり方で土壌の準備をする。ミミズは腐植土を定期的に空気にさらし篩にかけるため、ミミズが飲み込める粒子よりも大きな石が腐植土中に残されることはない。ミミズは、園芸家が大切な植物に目の細かい土を用意するように、腐植土をたんねんに混ぜ合わせるのだ。この状態だと、湿度を保ち溶解するすべての物質を吸着するのに適しており、硝化作用にも好都合である。死んだ動物の骨、昆虫の硬い部分、陸貝の殻、葉や枝などは、遠からずミミズの糞塊が堆積した下に埋められることで、植物の根が届く範囲内でほぼ腐敗した状態に置かれる。さらにミミズは、巣穴の口をふさぐためと食物にするために、莫大な数の枯れ葉や植物の一部を巣穴のトンネル内に引きずり込む。

食物として巣穴に引きずり込まれた葉は、細かく裁断され、部分的に消化され、消化液と尿管分泌液に浸された後、大量の土と混ぜ合わされる。この土が、黒くて養分に富む腐植土を形成し、明瞭に区別できる層となり、ほぼすべての地表を覆っている。ヘンゼン氏は、砂を詰めた直径一八インチの容器に二匹のミミズを入れ、落ち葉をまいておいた。[*80]すると落ち葉はすぐに巣穴に引きずり込まれ、深さ三インチまで運び込まれた。それからおよそ六週間で、厚さ一センチのほぼ均一な砂の層が、二匹のミミズの消化管を通過することで腐植土に変換された。ミミズのトンネルは、地中深くほぼ垂直に五～六フィートの深さまで達している場合が多い。巣穴の入口にはねばつく糞塊が積み上げられ、雨水が巣穴に直接流れ込むのを阻止している。にもかかわらずミミズのトンネルは土地の排水を促進していると考えている人もいる。ミミズのトンネルは、地中深くまで空気を浸透させる。また、中程度のサイズの根が地中に延びるのも大いに助けている。そして根は、トンネルを内張りしている腐植土から養分をとることになる。たくさんの種子が、糞塊に覆われることで発芽しやすくなる。発芽しなかった種子は堆積した糞塊の下深くに埋め込まれて休眠し、将来いつか、覆いが偶然とれて発芽するのを待つことになる。

ミミズが備えている感覚器官は貧弱である。物が見えるとはいえない。ただし明暗の識別だけはできる。音はまったく聞こえないし、嗅覚はほんのわずかしかない。触覚だけはよく発達している。なのでミミズは、外界のことはほとんどわかっていない。それなのに、トンネルの内側を自分の糞や葉で内張りする際に見せる技量は驚くほどみごとである。しかも種によっては、自分の糞を塔のように積み上げる技量もみごとである。しかしさらなる驚きは、巣穴の入口を塞ぐにあたって、単なる闇雲な本能による衝動ではなく、ある程度の知能を発揮しているように見えることだ。それは、円柱状の筒の口をさまざまな種類の葉、葉柄、三角形の紙などでふさがねばならないときに人が見せるのとほとんど同じ行動なのだ。ミミズも、たいていはそれらの物体のとがった先端をくわえるのである。しかし薄いものだと、幅の広いほうの端をくわえて引きずり込むこともままある。ミミズは、いつも同じ決まりきったやり方で行動するわけではない。その点で、もっと下等な動物の大半とは異なる。たとえば、葉を引きずり込む際、葉の基部が葉の先端と同じくらい細いか、先端よりも細くないかぎり、ミミズが葉柄をくわえることはない。

広い芝生を見て美しいと感じるにあたっては、その平坦さによるところが大きいわけだが、それほど平坦なのは、主としてミミズがゆっくりと均したおかげであることを忘れてはいけない。そうした広い土地の表面を覆う腐植土のすべては、何年かごとにミミズの体内を通過したものであり、この先も繰り返し通過することを考えると不思議な感慨に打たれる。鋤は、きわめて古く、きわめて有用な発明品である。しかし、人類が登場するはるか以前から、大地はミミズによってきちんと耕されてきたし、これからも耕されていく。地球の歴史の中で、ミミズのように下等な体制をもつ動物に負けないくらい重要な役割を果たしてきた動物がほかにもたくさんいるかどうか、疑うむきもあるだろう。しかし、さらに下等な体制をもつ動物、すなわちサンゴは、大洋の中に無数のサンゴ礁や島を築くという、はるかに目覚しい仕事をしてきた。ただしサンゴの働きは、熱帯域にほぼ限られている。

＊80　Zeitschrift für wissenschaft. Zoolog. B, xxviii. 1877, p. 360.

解説　大地のエンジニア、ミミズ頌歌《しょうか》

渡辺 政隆

進化論の提唱者チャールズ・ロバート・ダーウィンは、一八〇九年二月一二日にイングランド北西部の商都シュルーズベリで生を受け、一八八二年四月一九日にロンドンの南東二〇数キロに位置するダウン村の自宅ダウンハウスで息をひきとった。享年八三歳だった。

その死の半年前、一八八一年一〇月一〇日に出版されたのが(入稿は同年五月一日)、本書『ミミズによる腐植土の形成』(以下、『ミミズ』と略)である。原題はTHE FORMATION OF VEGETABLE MOULD THROUGH THE ACTION OF WORMS WITH OBSERVATIONS ON THEIR HABITS(『ミミズによる腐植土の形成及びその習性の観察』)で、原著の背表紙には単にVEGETABLE MOULD AND EARTHWORMS(「腐植土とミミズ」)というタイトルが印字されていた。

ダーウィンは、死後に公表された『自伝』の中で、この本について次のように言及

図1　「パンチ」誌に掲載されたダーウィンとミミズの戯画

している。

私は、『ミミズの作用による腐植土の形成』という薄い本の原稿を今（一八八一年五月一日）印刷所に送った。これは、さして重要ではないテーマの本で、読者が関心をもつかどうかもわからないが、私にとってはずっと関心のあったテーマである。一応、四〇年以上も前に地質学会で発表した短い論文の完成版にあたるもので、以前からの地質学

的な考えを蒸し返したものである。(筆者訳)

著者の謙遜をよそに、「タイムズ」紙は発売当日に掲載した書評で、ダーウィンは下等な動物の地位を昇格させたと絶賛し、一〇月二二日に発行された風刺雑誌「パンチ」は、著名な風刺画家エドワード・リンリー・サンボーンのペンになる、芝生の上に座り込み、?マークの巨大なミミズについて考えこむダーウィンの戯画を掲載した(図1)。そのキャプションには、『人間の由来』で人間を下等動物に引きずり降ろしたダーウィンが今度は「賢いミミズ」に目を向けたとある。

『ミミズ』は爆発的な売れ行きを見せ、出版から一カ月もたたない一一月五日に、出版人であるジョン・マレーから「ミミズはもう三五〇〇匹も売れました!!」との知らせが届いた。一八八一年の暮れには五版を重ね、五〇〇〇部の売り上げを記録した。二〇世紀を迎える前に一万三〇〇〇部の売り上げを記録したともいう。

三版から誤植等の修正がなされ、五版では加筆もなされている。翻訳にあたっては、ダーウィンの全著作をネット上で公開しているDARWIN ONLINW (http://darwin-online.org.uk/) の初版をベースに、その後の誤植や数値の訂正を反映させたうえで、必要に応じて本文中に［　］で訳注を補ったほか、本文中に登場する主要人物の紹介を（ダーウィンの全書簡を公開するDarwin Correspondence Projectを参考に）脚注として追加した。本文中の数値の単位は（メートル法の表記も含めて）原文のままで、必要に応じてメートル法の換算を訳注として補った。

本書の内容は、ミミズの習性に関する観察記録と、糞の排泄量の測定に関する記述がその大半を占めている。こんな地味な内容の本が、当時のイギリスの人々になぜそれほど受けたのだろうか。

本書の翻訳としては、渡辺弘之氏による『ミミズと土』（平凡社ライブラリー）があり、現在も入手できる（翻訳の底本は加筆された第五版）。にもかかわらず、屋上屋を架すことを覚悟で翻訳に踏み切ったのは、ダーウィンの最後の著作にして、『種の起源』以上の売れ行きの伸びを見せた理由を、翻訳という作業を通して読み込むことで、ダーウィンの視点と読者の視点両方から、自らの体験として再確認したかったからである。

ダーウィンにとってのミミズ

ダーウィンの生涯については、古典新訳文庫の『種の起源』の解説で紹介したので、ここでは詳しくは触れない。一八三六年一〇月二日にビーグル号の航海から新進気鋭の地質学者として帰国したダーウィンは、ロンドンに居を構え、持ち帰った標本と資料の整理、そして社交界デビューで多忙な日々を送っていた。しかし、学界で注目されつつも、航海の途中からつけ始めた秘密のノートでは、種の転成（進化）という異端の思想を弄ぶという面従腹背的行為に耽っていたことで心労がつのっていた。

一八三七年九月、医師からの勧めもあり、シュルーズベリの実家に里帰りすることにしたダーウィンは、その途中で叔父（母親の兄）で製陶業者のジョサイア・ウェッジウッド二世の邸宅メアホールに立ち寄った。ジョサイア叔父（ジョス叔父）は、ビーグル号乗船に反対するダーウィンの父親を説得してくれた恩人であり、従姉妹がいてにぎやかなメアホールは、子供時代から楽しく過ごせる場所だった（二年後に一歳上の従姉エマとの結婚を決断）。

じつはダーウィンはそこで、その後のライフワークとなるミミズとの対面を果たすことになった。ダーウィン伝の決定版『ダーウィン――世界を変えたナチュラリストの生涯』（デズモンドとムーア著、渡辺政隆訳、工作舎）からその場面を引用しよう。

ジョス叔父が、放置された土地にチャールズを案内した。そこには何年か前に石灰や石炭の燃え殻がまかれていたのだが、それが今は土の中に消えてしまい、表面は粘土混じりの土で覆われていた。ミミズの仕業というのがジョス叔父の解釈だったが、大陸規模で仕事をしている若い君には、庭のそんな些細な出来事など興味ないだろうと語った。チャールズは、そんなことはありませんよと答えた。そして、それまでいかなる先入観も抱いていなかったこのときから、矮小なミミズに対する興味が湧き、生涯を通じてもちこされることになった。詩に詠われることもないちっぽけな生きものが、何百万とも知れぬ数で、サンゴ虫が熱帯の海で活躍するように土地を変えていた。

二カ月後にロンドンに戻ったダーウィンは、そのときのミミズとその排泄物の作用に関する観察を、一一月一日に地質学会で「腐植土の形成」というタイトルで口頭発表した。

ヨーロッパの広範な土地がチョーク（白亜）で覆われているが、それはサンゴが海生動物の消化活動によって砕かれて生成されたものだと考えられる。それと同じで、腐植土は粉々になった岩にミミズが関わることで作られたものだ。そこで以下のように結論したい。古い草地を覆う土の粒子は、すべてミミズの消化管を通過していることを考えると、「腐植土」という名称よりは「腐動土」とでも呼ぶほうが正しい。土地を耕す農夫は、自然の作用に忠実に従っていることになる。小石を埋め込むことも、粗い土と細かい土をふるい分けることもしないまま自然がミミズを使って日々行なっている仕事を、荒っぽくまねているだけなのだ。

（ロンドン地質学会会報に掲載された議事録を講演口調に筆者改変）

ダーウィン自身は一石を投じたつもりだったが、聴衆は拍子抜けした様子だったという。なにしろ、サンゴ礁の形成やアンデス山脈の隆起を大胆に論じるかと思いきや、よりによってミミズの糞の話だったからである。それを自覚したうえで念を押すためなのか、ダーウィンはこの発表と同じ内容の論文を一八四〇年にロンドン地質学会紀報に改めて投稿した。

しかしダーウィンの中では、それらのテーマはすべてつながっていた。地質学の師と仰ぐチャールズ・ライエルが『地質学原理』の中で論じていたように、地球は地質学的変化を少しずつ積み重ねることでその相貌を変えてきた。造山運動にしても、火山島の沈下とサンゴ礁の形成にしても、ミミズが地中の土を飲み込んでは地表にせっせと排泄する活動にしても、膨大な時間をかけた漸次的な変化が大きな結果をもたらすという斉一《せいいつ》説の原理の体現にほかならないというのだ。そして、自然淘汰の作用も、少しずつたゆむことなくはたらくことで新種を生み出す原動力たりうると主張したかったのだ。

一般読者にすれば、ダーウィンのそのような秘めた意図とは別に、かの偉大なダーウィン老が、ミミズごときに法外な関心を向け、かくも嬉々として実験観察に勤しみ、それを大真面目に報告していること、そしてその知能と秘められたパワーを明らかにしたことに感激したのかもしれない。

本書により、それまでは芝生を荒らす害虫で、釣りやニワトリの餌くらいにしかならないと考えられていたミミズが、一躍、大地を耕すヒーローに躍り出たのだ。人々

図２　『ミミズ』出版の翌年『1882年パンチ年鑑』に載った戯画。下等なミミズからサルを経て人間が進化した構図に、「人間はミミズにすぎない」とある。

は、散歩やガーデニングに勤しむたびに、大地を耕して潤してくれるミミズのありがたさを実感するようになったことだろう。しかも大衆は、ミミズにも知能の芽生えがあることを知らされ、ダーウィンの説く生物進化を実感したのだ（図２）。

ダーウィンの『ミミズ』は、文化面でも影響を及ぼした。ボストン大学の英文学者アンナ・ヘンチマンは、『ミミズ』出版の三年後に刊行されたエドウィン・アボットの奇想小説『フラットランド』の着想に影響を与えたのではないかと指摘している（http://www.branchcollective.org/?ps_articles = anna-henchman-charles-darwins-final-book-on-earthworms-1881）。この小説は一次元の世界に生きる住人が異次元の世界がどう見えるかを描いたSFである。そういわれてみれば、地上に生きる人間から見て、地中にいるミミズの生き方は、三次元的だけでなく、一次元的でもあり二次元的でもある。そして、ダーウィンが描いた、悠久の時間をかけて地表を変えていくミミズの生き方は、時間軸を加えた四次元的でもある。

ミミズの研究

一八三九年一月に結婚したダーウィンは、ロンドンで二児をもうけたが、労働争議が勃発するロンドンの喧騒を逃れるため、一八四二年九月にダウン村に移住し、そこを終の住処とした。そしてその三カ月後の一二月二〇日、ダーウィンは長期にわたる経過観察を期して、敷地内の草地に「相当量の砕いたチョークをまいた」。ただしその後、ビーグル号の航海で調査した地質学的知見の公表、フジツボの研究、『種の起源』に始まる数々の研究成果の刊行に追われることになる。ミミズの研究に本格的に復帰したのは一八七六年以降のことだった。

本書を読んでいただければわかるように、ダーウィンのミミズ研究は一家総動員でなされた。主に手伝ったのは、一八七四年に秘書兼助手となり、エイミー・ラックと結婚してダウン村に居を構えていた三男のフランシスだが、長男のウィリアム、二男のジョージ、五男のホラスも研究に参加していた。

ダーウィンのミミズの研究には、文通を交わしていた多くのナチュラリストも協力していた。特に、ミミズに興味をもつ匿名のご婦人まで動員していたことで有名だった。ぼく自身、これはイギリスのアマチュアナチュラリストの層の厚さを象徴する逸話だと思っていたのだが、今回、翻訳を進める中で、じつはそれがダーウィンの親族であることが確認された。ダーウィンの書簡集を参照した結果、そのご婦人とは、姪にあたるルーシー・キャロライン・ウェッジウッドだったのだ。ルーシーの父は、ダーウィンの妻エマの兄にあたるジョサイア・ウェッジウッド三世で、母はダーウィンの二番目の姉キャロラインである。

ダーウィンの住居だったダウンハウスは、現在は歴史的建造物を保存管理しているイングリッシュ・ヘリティッジの管理下で博物館として公開されている。その居間にはグランドピアノとファゴットが展示されている。本書で紹介されている、ピアノやファゴットに対するミミズの反応の実験を踏まえたものである。

また、ダウンハウスの庭では、地面に埋め込まれた円盤状の石を見ることもできる(図3)。それは、ミミズによって地面上の物体を埋め込む作用を測定するために設置された「ミミズ石」の再現で、芝生の上に置かれた円盤の中央の穴には、鉄棒が地中深くに打ち込まれている。ミミズが地中を耕すと、円盤は地面に沈み込むが、底土まで打ち込まれた鉄棒は沈まない。円盤と鉄棒の高さの違いを測れば、ミミズの仕事が計算できるという仕掛けである。

ダーウィンが自宅で実験観察していたミミズは、体長が九〜三〇センチと大型で、ヨーロッパ、南北アメリカ、インド、ニュージーランドに広く分布するオウシュウツリミミズ*Lumbricus terrestris*だという。ツリミミズ科のミミズは、畑のコンポストなどにいるシマミミズなど、日本にもいるが、体長一三センチ以下の種ばかりで、オウシュウツリミミズほどの大型種はいない。日本にいる大型種はフトミミズ科のもので、ツリミミズ科とは別のグループになる。

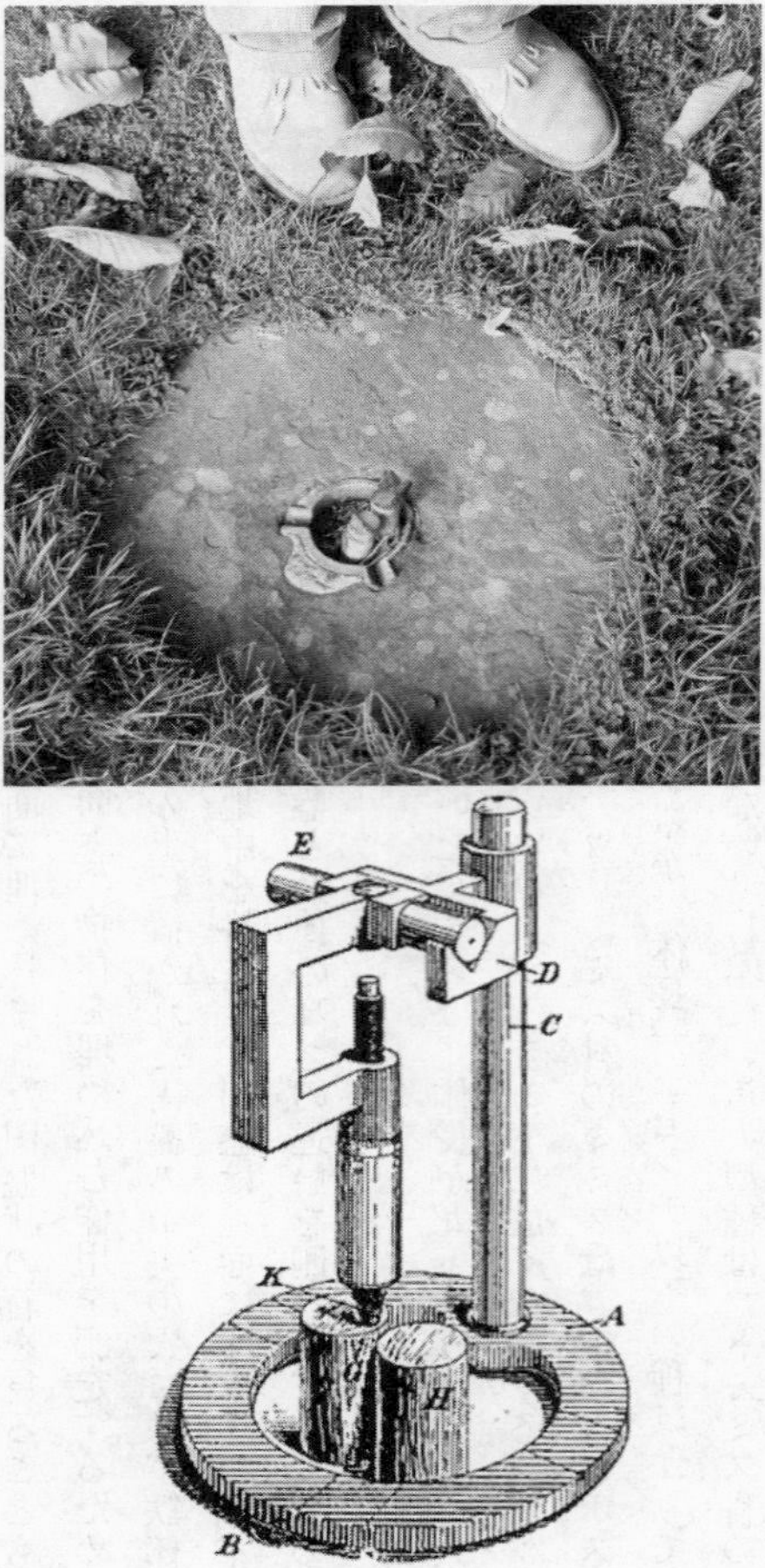

図３　ダウンハウスのミミズ石（上、筆者撮影）。石の外周にミミズの糞塊が見える。写っているのは、ダーウィンの玄孫にあたるランドル・ケインズ氏の足。下はダーウィンの五男ホラスが製作したミミズ石沈下測定器。

そもそもミミズとは

英語で人間を意味するhumanは、ラテン語で土壌を意味するhumusに由来している。命は土から生まれて土に戻るという謂《いい》なのだろう。万学の祖アリストテレスは、ミミズが土を食べていることを知っていたからなのだろうか、ミミズを「大地の腸《はらわた》」と呼んだ。

一方、英語でhumusといえば腐植質ないし腐葉土のことである。mould（米語ではmold）もhumusとほぼ同義だが、a man of mouldというと、「（やがて土に還る、死が定めの）人間」を意味する。

本書の原題にあるvegetable mould（腐植土）は、原書出版当時のヴィクトリア朝イギリス英語で一般的に使われていた言葉で、現代の用語では「humusを多量に含む表層土壌（A層）」、専門用語では「モリック表層」のことである。当時のアメリカでも使われていたようで、思想家ヘンリー・デイヴィッド・ソローは、その代表作『ウォールデン』（一八五四）の中でこの単語を使用し、「大地と交感せずにいられるだろうか。私は落ち葉や腐植土の一部ではないのか」と書いている。

その訳語としての「腐植土」もあまり一般的ではなく、「肥沃土」ないし「沃土」

の訳語が当てられる場合が多いようだ。ダーウィンは、本書の「はじめに」において、vegetable mouldは、ミミズの消化管を何度も通過したもので、むしろanimal mouldと呼ぶにふさわしいと述べている。今回の翻訳にあたっては、vegetable mould及びmouldは、すべて「腐植土」と訳すことにした。

ダーウィンの『ミミズ』によって人々がミミズに関心を向けるようになったことはすでに述べた。同じく生物学者も、ミミズを始めとする土壌動物に関心をもつようになった。その一方で、土壌学の分野ではあまり顧みられずに来たようだ。土壌形成には、生物的要因よりも物理化学的な要因のほうが重要だという認識が、長らく主流を占めてきたからである。しかし最近になり、そのような物理的攪乱に対し、生物攪乱(バイオターベイション)という概念が注目を浴びるようになってきた。そうした流れの一環として、ミミズは大地を耕して土壌を肥沃にし、植生に影響を与えることから、「生態系のエンジニア」とも呼ばれるようになっている。

人の生活と因縁浅からぬミミズだが、じつはよくわかっていないことがまだまだ多い。現在、少なくとも七〇〇〇種が知られているのだが、実際の種数はその二倍ないし三倍なのではないかといわれている。ミミズの分類を専門とする研究者が少ないせいで、特に熱帯に生息するミミズなどの研究が遅れているのだ。

二〇一九年、三五カ国一四一人の研究者が協力し、五六カ国七〇〇〇カ所のミミズの現状を調べた結果が発表された。それによると、ミミズの生息量がいちばん多いのは中緯度地帯で、熱帯は意外と少ないことがわかった。多い場所だと一平方メートルに一五〇匹、一ヘクタール当たり一・五トンもの生息が可能だという。

ダーウィンはミミズの食べ物の好みを調べている。ミミズは、ほとんどの植物の葉を選り好みすることなく食べてくれる。そのおかげで、落ち葉は分解され、土の中に栄養分が鋤き込まれる。しかし、考えてみると不思議な話だ。葉食性の昆虫はたくさんいるが、たいていはそれぞれ食草が限られている。これは、植物体に含まれる苦みや渋み成分の元であるポリフェノールが防御物質としてはたらいているからだといわれている。ミミズは、高濃度のポリフェノールは嫌うが、低濃度なら苦にしないという。それについては長年の謎とされていたのだが、二〇一五年にイギリスの研究者が、ミミズの消化管にはポリフェノールの活性を抑える物質があることを明らかにした。

一般に、ポリフェノールは消化酵素のはたらきを阻害する。ミミズの消化管を調べたところ、消化酵素の活性の高い部位に、ある種の界面活性物質が見つかった。ドリロデフェンシンと名付けたこの物質が、ポリフェノールの消化酵素阻害を妨げているというのだ。今のところ、消化管からドリロデフェンシンが見つかっているのはミミズの仲間だけだという。

日常生活でミミズを目にするいちばんの機会は、雨上がりの舗道だろうか。大きなフトミミズが舗道の上に出て、そのまま死んでいたりする。この行動について、ダーウィンは寄生虫説を唱えているが、それですべてが説明できるわけではない。じつは諸説あるものの、未だに答が出ていない謎なのだ。

ダーウィンの主眼は、ミミズが土を耕して循環させる活動が長期的に及ぼす効果にあった。しかし、ミミズが大地に及ぼしている効果はそれだけにとどまらない。MicropolitanMuseumというユーチューブのいかした名前のサイトが、ミミズの土壌分解作用の動画を公開している。それを見ると一目瞭然なのだが、ミミズを含む土壌動物がいる場合といない場合では、短期的にも、落ち葉などの堆積物の分解速度が劇的に異なる。いないほうでは、菌類の増殖は起こるものの、落ち葉などの分解がほとんど進まないのだ。

ダーウィンも本書の末尾で書いているように、ミミズは巨大なサンゴ礁を築くサンゴ虫（イソギンチャクと同じ棘皮動物で、石灰を分泌することで礁を形成する）にも匹敵する働きを日々こなしている。ただし現在、そのミミズやサンゴ虫に異変が起こりつつある。ミミズの活動や分布は、気温や降水量に大きく左右される。サンゴは、水温が上昇すると共生している褐虫藻が減少し、白化して死滅する。地球温暖化の行方しだいで、ダーウィンが愛してやまなかったミミズとサンゴ、ひいては地球の環境が大打撃を被りかねないのだ。

今こそ、矮小な生きものの大きな存在価値に目を向けたダーウィンの先見の明と、大自然の前で謙虚であれと説いたソローの思想に改めて学ぶべきときだろう。本書がそのきっかけとなることを願う。ソローは一八六〇年に友人にあてた手紙で次のように書いている。「立派な家を持ったところで、それを建てる地球が健全でなければいったいどのような意味があるのでしょう」

ダーウィン年譜

一八〇九年
裕福な医師ロバート・ウォリング・ダーウィンを父、製陶業ウェッジウッドの創始者ジョサイア・ウェッジウッドの娘スザンナ・ウェッジウッドを母に、二男四女の五番目、次男として、シュルーズベリにて二月一二日に生まれる。

一八一七年　八歳
母スザンナが病死。

一八一八年　九歳
地元のシュルーズベリ校に入学。

一八二五年　一六歳
医学を学ぶためエジンバラ大学に入学。

一八二七年　一八歳
海生動物コケムシの論文を発表（三月）。
エジンバラ大学を退学（四月）。

一八二八年　一九歳
ケンブリッジ大学クライスツ・カレッジに入学（一月）。

一八三一年　二二歳
クライスツ・カレッジ卒業（四月）。
ビーグル号乗船の打診を受ける（八月）。
ビーグル号出港（一二月）。
一八三二年　二三歳

バイア（ブラジル）に上陸し、本物の熱帯林を初めて体験する（三月）。

一八三五年　二六歳

ガラパゴス諸島に上陸（九月）。

一八三六年　二七歳

ビーグル号、イギリスに帰港（一〇月）。ケンブリッジに居住（一二月）。

一八三七年　二八歳

ロンドンに転居（三月）。種の転成に関するノートをつけ始める（七月）。

一八三八年　二九歳

地質学会書記に選ばれる（二月）。マルサスの『人口論』を読む（九月）。

一八三九年　三〇歳

ロイヤル・ソサエティ（王立学会）会員に選ばれる（一月）。一歳年上の従姉エマと結婚（一月）。『ビーグル号航海記』を出版（五月）。長男ウィリアム・エラズマス誕生（一二月）。

一八四一年　三二歳

長女アン・エリザベス誕生（三月）。

一八四二年　三三歳

『サンゴ礁の構造と分布』を出版（五月）。種に関する草稿を完成（六月）。ケント州ダウンに転居（九月）。次女メアリー・エレノア誕生（九月）するも三週間後に死去。

一八四三年　三四歳

三女ヘンリエッタ・エマ誕生（九月）。

一八四四年　三五歳

種の進化に関する試論をまとめる（七月）。

一八四五年　　三六歳
次男ジョージ・ハワード誕生（七月）。
一八四六年　　三七歳
フジツボ（蔓脚類）の研究を開始（一〇月）。
一八四七年　　三八歳
四女エリザベス誕生（七月）。
一八四八年　　三九歳
三男フランシス誕生（八月）。父ロバートがシュルーズベリにて死去（一一月）。
一八五〇年　　四一歳
四男レオナード誕生（一月）。
一八五一年　　四二歳
長女アン死去（四月）。五男ホラス誕生（五月）。フジツボの研究書第一巻と第二巻を出版（一一月）。
一八五四年　　四五歳
フジツボの研究書第三巻と第四巻を出版（七月、九月）。種の研究を再開（九月）。
一八五六年　　四七歳
大著『自然淘汰説』の執筆を開始（五月）。六男チャールズ・ウエアリング誕生（一二月）。
一八五八年　　四九歳
マレー諸島に滞在中のアルフレッド・ラッセル・ウォレスから自然淘汰による進化に関する手紙と論文草稿が届く（六月）。チャールズ・ウェアリング死去（六月）。ダーウィンとウォレスの論文がリンネ学会で発表される（七月）。『種の起源』の執筆開始（七月）。

一八五九年　五〇歳
『種の起源』を出版（一一月）。
一八六〇年　五一歳
『種の起源』第二版を出版（一月）。『飼育栽培下における動植物の変異』の執筆開始（一月）。
一八六一年　五二歳
『種の起源』第三版を出版（四月）。
一八六二年　五三歳
『ランの受精』を出版（五月）。
一八六五年　五六歳
『よじのぼり植物の運動と習性』を出版（六月）。
一八六六年　五七歳
『種の起源』第四版を出版（六月）。
一八六八年　五九歳
『飼育栽培における動植物の変異』（一月）を出版。『人間の由来』の執筆開始（二月）。
一八六九年　六〇歳
『種の起源』第五版を出版（八月）。
一八七一年　六二歳
『人間の由来』を出版（二月）。
一八七二年　六三歳
『種の起源』第六版を出版（二月）。『人間と動物の感情表現』を出版（一一月）。
一八七六年　六七歳
『植物の他家受精と自家受精』を出版（一一月）。
一八七七年　六八歳
『花の異形性』を出版（七月）。
一八八〇年　七一歳

『植物の運動力』を出版（一一月）。

一八八一年　七二歳

『ミミズによる腐植土の形成について』を出版（一〇月）。

一八八二年　七三歳

四月一九日、ダウンにて死去。ロンドンのウェストミンスター・アビー（会堂）に埋葬される。

訳者あとがき

イギリスで最も長い川、セヴァーン川の河岸段丘の上に建つ屋敷で育ったチャールズ少年は、釣りと昆虫採集に日々明け暮れる生活を送っていた。八歳で母を亡くした少年にとっては、三人の姉が母親代わりだった。

少年はその姉たちから、「生きたミミズを釣り針に刺すのはかわいそうだから、塩水で殺してからにしなさい」と言われていた。一方、開業医だった父親は、釣りや昆虫採集や狩猟に夢中の息子の行く末を案じていた。

その少年が、長じて世界を変える理論を提唱したうえ、白鳥の歌として最後にミミズの本を出版するとは、本人を含めて誰も予想していなかったはずである。

その人チャールズ・ロバート・ダーウィンがミミズという存在の大きさに気づいたのは、解説でも紹介したように、叔父にして義父でもあるジョサイア・ウェッジウッド二世に、ミミズは土を耕し、地表にあるものを土中に埋め込む働きをしていることを指摘されたのがきっかけだった。それまでは釣りの餌くらいとしか意識していなかったミミズが、自らの壮大な理論を下支えする重要な存在であることに気づいた瞬間だった。『種の起源』の末尾の一節を思い出そう。

さまざまな種類の植物に覆われ、灌木《かんぼく》では小鳥が囀《さえず》り、さまざまな虫が飛び回り、湿った土中ではミミズが這い回っているような土手を観察し、互いにこれほどまでに異なり、互いに複雑なかたちで依存し合っている精妙な生きものたちのすべては、われわれの周囲で作用している法則によって造られたものであることを考えると、不思議な感慨を覚える。（中略）じつに単純なものからきわめて美しくきわめてすばらしい生物種が際限なく発展し、なおも発展しつつあるのだ。

そして、この「荘厳」な結語が、本書『ミミズによる腐植土の形成』の結語までつながっていることが了解される。

広い芝生を見て美しいと感じるにあたっては、その平坦さによるところが大きいわけだが、それほど平坦なのは、主としてミミズがゆっくりと均したおかげであることを忘れてはいけない。そうした広い土地の表面を覆う腐植土のすべては、何年かごとにミミズの体内を通過したものであり、この先も繰り返し通過することを考えると不思議な感慨に打たれる。鋤は、きわめて古く、きわめて有用な発明品である。しかし、人類が登場するはるか以前から、大地はミミズによってきちんと耕されてきたし、これからも耕されていく。

人間の知恵や所業とは関係なしに黙々と仕事をこなし続け大きなことを成し遂げるミミズたち、ダーウィンはそこに自然界の弛むことのない作用を見てとったのだ。この、目の前で進行している事象を正確に観察し、そこから過去の出来事の原因を探るというやり方こそ、ダーウィンの歴史科学の方法論だった。つまりこのささやかな白鳥の歌は、自然史学者ダーウィンにとっては自らの科学の集大成ともいうべき遺言なのである。

ダーウィンがこだわり抜いたこの珠玉の作品を絶賛した同時代の読者たちが、ダーウィンのそんな意図をどこまで理解していたかは知らない。それでもダーウィン翁は、愛するミミズの本の売れ行きが好調なことを実感しつつ、この世を去ることができた。幸せこの上ないことだったと思う。ただ一つ、ロンドンのウェストミンスター会堂内に埋葬されたことで、ダウン村の土に還ることができなかったことを除いて。

『種の起源』に続き、古典新訳文庫二作目の理系作品として本書を世に送ることができたことは望外の幸せである。訳者のわがままに応じてくださっただけでなく、訳稿の不備をていねいに指摘してくださった、中町俊伸編集長をはじめとする編集部のみなさんにお礼を申し上げたい。

二〇二〇年二月二二日

渡辺　政隆

kobunsha classics
光文社古典新訳文庫

ミミズによる腐植土《ふしょくど》の形成《けいせい》

著者 ダーウィン
訳者 渡辺政隆《わたなべまさたか》

2020年7月20日 初版第1刷発行

発行者 田邉浩司
印刷 新藤慶昌堂
製本 ナショナル製本

発行所 株式会社光文社
〒112-8011東京都文京区音羽1-16-6
電話 03(5395)8162(編集部)
03(5395)8116(書籍販売部)
03(5395)8125(業務部)
www.kobunsha.com

落丁本・乱丁本は業務部へご連絡くだされば、お取り替えいたします。
ISBN978-4-334-75428-0 Printed in Japan

いま、息をしている言葉で、もういちど古典を

長い年月をかけて世界中で読み継がれてきたのが古典です。奥の深い味わいある作品ばかりがそろっており、この「古典の森」に分け入ることは人生のもっとも大きな喜びであることに異論のある人はいないはずです。しかしながら、こんなに豊饒で魅力に満ちた古典を、なぜわたしたちはこれほどまで疎んじてきたのでしょうか。

ひとつには古臭い教養主義からの逃走だったのかもしれません。真面目に文学や思想を論じることは、ある種の権威化であるという思いから、その呪縛から逃れるために、教養そのものを否定しすぎてしまったのではないでしょうか。

いま、時代は大きな転換期を迎えています。まれに見るスピードで歴史が動いていくのを多くの人々が実感していると思います。

こんな時わたしたちを支え、導いてくれるものが古典なのです。「いま、息をしている言葉で」——光文社の古典新訳文庫は、さまよえる現代人の心の奥底まで届くような言葉で、古典を現代に蘇らせることを意図して創刊されました。気取らず、自由に、心の赴くままに、気軽に手に取って楽しめる古典作品を、新訳という光のもとに読者に届けていくこと。それがこの文庫の使命だとわたしたちは考えています。

このシリーズについてのご意見、ご感想、ご要望をハガキ、手紙、メール等で翻訳編集部までお寄せください。今後の企画の参考にさせていただきます。
メール　info@kotensinyaku.jp